Easy Cook
食在家常

至爱百味

甘智荣　主编

U0221955

江苏凤凰科学技术出版社

图书在版编目（CIP）数据

至爱百味 / 甘智荣主编 . -- 南京：江苏凤凰科学
技术出版社，2018.7
ISBN 978-7-5537-8068-9

Ⅰ . ①至… Ⅱ . ①甘… Ⅲ . ①烹饪 – 方法 Ⅳ .
① TS972.11

中国版本图书馆 CIP 数据核字 (2017) 第 059191 号

至爱百味

主　　　编	甘智荣	
责 任 编 辑	张远文	
责 任 监 制	曹叶平　方　晨	

出 版 发 行	江苏凤凰科学技术出版社	
出 版 社 地 址	南京市湖南路 1 号 A 楼，邮编：210009	
出 版 社 网 址	http://www.pspress.cn	
印　　　刷	北京旭丰源印刷技术有限公司	

开　　　本	718 mm × 1000 mm　1/16	
印　　　张	13	
字　　　数	177 000	
版　　　次	2018 年 7 月第 1 版	
印　　　次	2021 年 11 月第 2 次印刷	

标 准 书 号	ISBN 978-7-5537-8068-9	
定　　　价	39.80 元	

图书如有印装质量问题，可随时向我社出版科调换。

美味的食物通常有两种，一种是人们以前有过品尝经历的，当再次相遇时，蠢蠢欲动的食欲与得偿所愿的满足让人如至云霄；另一种是人们从未尝试过的，当初次相遇时，别具匠心的新奇与意料之外的惊喜让人眉飞色舞。

对于大多数人来说，美味的食物不是每天都能轻易遇到的，于是人们不惜付出更多的时间和精力去寻找世间的美味。

生活中就有这么一群特立独行的食客，他们有自己的小圈子，他们对各种美食的获取地点、烹饪背后的故事谙熟于心，他们敏锐的味觉即便承受无数菜肴的"狂轰滥炸"，也不会出现太大的偏差。这群人对"吃"有着狂热的追求、精深的研究，他们经验丰富、品味出众，却也格外挑剔，不仅仅注重菜式、口感、滋味与营养搭配，也讲究饮食环境。俗套嘈杂的环境或格格不入的食器，都可能让他们离席而去。

这群人身上有一个共同的闪光点，那就是——馋。如果说"吃"是人最原始的一种欲望，那么"馋"就是凌驾于"吃"之上的另一种境界。为了解馋，人们几乎可以每天行走在追逐美味、尝试美味、再追逐美味的无休止的循环中，并乐此不疲。

人对美食的感受主要来自于视觉、嗅觉、味觉和触觉。如果说烹饪是一门高深的绝学，那么美食所特有的香、辣、浓、醇就是烹饪者通过一定技巧赋予食物的、用以征服食客味蕾的、最具诱惑力的"武器"。香气是一种最直接、最迅捷的"兵器"，它可以从相对较远的位置发动攻击，当你从空气中嗅出它的存在时，便已沉醉其中、难以自拔；辣味是一种最刚猛、最霸道的"兵器"，它高傲得让人望而生畏，不习惯它的套路的人往往敬而远之，但喜爱它的人却每每无辣不欢；浓味是一种最丰富、最绵连的"兵器"，讲究蓄势而发，当它如排山倒海般涌来时，人往往已无力抗拒；醇味是一种最质朴、最有效的"兵器"，讲究以柔克刚，它会温柔地卸下你的防备，并以自然的纯美征服你的所有感官。

这本书中我们将为你揭开厨房里美味的秘密，从厨具、选料、调味、计量、刀工、用火、烹饪技巧，到每一道菜品的备料、烹饪步骤演示、实用提示、养生常识等，告诉你如何将身边最平凡的食材烹调出香、辣、浓、醇的绝美味道，让你一举击败所有对手，在厨房大战中成功上位，成为人人羡慕的美食达人。

阅读导航

菜式名称

每一道菜式都有着它的名字，我们将菜式名称放置在这里，以便于你在阅读时能一眼就找到它。

辅助信息

这里标记着这道菜的烹饪时间、口味、营养功效及适用人群。

香煎带鱼

| 🕐 3分钟 | ✖ 提神健脑 |
| 🔺 鲜 | ⬡ 一般人群 |

带鱼是我国四大海产鱼种之一，市场上也最为常见，属于深海鱼类，无法人工养殖，受污染的概率也较小，是崇尚健康饮食的上佳之选。这道香煎带鱼的做法非常简单、方便，滋味咸鲜、肥美，香气诱人，松软、厚实的大片鱼肉不知又会"消耗"掉多少米饭。

美食简介

没有故事的菜是不完整的，在这里我们将这道菜的所选食材、调味、地理、饮食文化等留在这里，用最真实的文字和体验告诉你这道菜的魅力所在。

材料		调料	
带鱼	200克	盐	3克
生姜	10克	味精	1克
葱段	4克	白糖	1克
香菜	适量	鸡精	2克
葱花	3克	生抽	5毫升
		料酒	5毫升
		食用油	适量

材料与调料

在这里你能查找到烹制这道菜所需的所有配料的名称、用量以及它们最初的样子。

菜品实图

这里将如实地为你呈现一道菜烹制完成后的最终样子，菜的样式是否悦目，是否会勾起你的食欲，你的眼睛不会说谎。此外，你也可以通过对照图片来检验自己动手烹制的菜品是否符合规范和要求。

56 至爱百味

步骤演示

你将看到烹制整道菜的全程实图及每一步操作的文字要点，它将引导你将最初的食材烹制成美味的食物，完整无遗漏，文字讲解更实用、更简练。

食材处理

❶ 将带鱼宰杀处理干净，切段。

❷ 生姜去皮洗净，切片，香菜洗净，切段。

❸ 带鱼加料酒、葱段、姜、盐、味精、白糖、鸡精拌匀腌渍。

做法演示

❶ 热锅注油，放入带鱼，用中火煎制片刻。

❷ 用锅铲翻面。

❸ 用小火再煎约2分钟至焦黄且熟透。

❹ 淋入少许生抽提鲜。

❺ 出锅装盘，撒上葱花、香菜摆盘即成。

制作指导

◎ 选购带鱼时以体宽厚、眼亮、体洁白有亮点带银粉色薄膜者为优。

◎ 将带鱼放入80℃左右的水中烫10秒钟后，立即浸入冷水中，然后再用刷子刷或者用布擦洗一下，鱼鳞就会很容易去掉。

◎ 带鱼不能用牛油、羊油煎炸。

◎ 煎带鱼油温要稍高，太低的话煎出来的带鱼软软的，不仅不香而且看起来也不美观。

养生常识

★ 带鱼适合病后体虚、血虚头晕、产后乳汁不足、气短乏力、食少羸瘦、营养不良之人食用。

食物相宜

保护肝脏

带鱼

+

苦瓜

促进消化

带鱼

+

香菇

食物相宜

结合实图为你列举这道菜中的某些食材与其他哪些食材搭配效果更好，以及它们搭配所能达到的营养功效。

制作指导 & 养生常识

在烹制菜肴的过程中，一些技巧能帮助你一次就上手，一气呵成零失败。细数烹饪实战小窍门，绝不留私。了解必要的饮食养生常识，也能让你的饮食生活更合理、更健康。

Contents |目录

第1章　唇齿留香

第 2 章　辣道无忌

第 3 章　甘旨肥浓

第 4 章　醇美诱惑

附录

津津有味

古代人在宴请宾客时常有"酒过三巡，菜过五味"之说，这里的"五味"即指酸、甜、苦、辣、咸五种味道。

中国人爱吃，其中很大程度源于爱上某种味道。很多人在现实中摸爬滚打，兢兢业业，在充满竞争的世界撑起一小块天空；很多人怀揣着梦想与抱负，背井离乡，在一个陌生的城市实现自我的理想；他们一直都在寻找，寻找那种心目中念念不忘的味道。一棵菜、一方肉、一条鱼，任何普普通通的食材都可以做出来家的味道。

人们来自五湖四海，其家乡的味道也各不相同，地域上的巨大差异促生了中国各地迥异的食味特色，众多周知的"南甜北咸东辣西酸"也正在于此。北方人将面食、火锅、炖菜视为至爱，而南方人对大米、鱼鲜、肉粽、煲汤情有独钟。

即便是同一种食材，若运用不同的烹饪方式和调味技巧，其风味特征也会大不一样，其中的烹饪调味原则如下：

❶ 因菜调味。要熟悉各种调味品的性质和用量，结合菜肴的口味正确、适量投放。对于滋味较丰富的菜式，要特别留意主料、辅料、调味品的主次关系，或酸甜，或香辣，或咸鲜，调味品的用量适度至关重要。

❷ 因料调味。对于新鲜蔬菜、鱼虾等食材，调味宜淡，过度调味可能掩盖其天然鲜味，有画蛇添足之嫌；对于不新鲜或腥膻味较重的食材，可使用糖、醋、料酒、葱、姜、蒜、胡椒粉等来帮助祛除异味、祛除腥膻、增添鲜味；而对于自身鲜味不足的食材，可适当加量调味来补足鲜味。

❸ 因时因地因人调味。不同的时节，人的口味会随着温度、环境发生细微的变化，如寒冷的冬天时人更偏爱肥甘厚味的菜品，而到了炎热的夏季则更偏爱清淡爽口的菜品；不同地域的人其口味偏爱也大相径庭，这与当地的气候、物产、人文环境、饮食习惯相关。因此在烹饪调味时要有所侧重，在遵循菜肴基本风味特征的前提下，做到以人为本、因人调味。

❹ 选料得当。菜肴的风味特征与选料、配料息息相关，优质的食材、调味料是获取最佳风味的钥匙。通常来说，烹制地方风味以选用该地食材、调味料为先，在烹制川菜时，若选用四川当地的食材、辣椒、花椒、盐，口味会更加纯正、地道。

香

食物的香气分为两类，一是食物自身所散发出来的天然香气，这类香气相对来说更纯净、更单一，可以独立支撑起菜的主体风味；二是食物经过人为的烹饪调味后所散发出来的混合香气，这类香气在汇集了多种食材、调味料后，其香气更丰富、更诱人。当这些香气被吸入鼻腔后，会刺激人的大脑而产生饥饿感，这也正是人在面对喷香扑鼻的食物时食欲大开的原因。

辣

辣，是一种集合了热与痛的混合感觉，当食物中的化学物质（如辣椒素）刺激口腔细胞时，人的大脑会产生近似于灼烧感的微量刺激。人们对这种刺激的承受力不同，有的人怕吃辣，有的人爱吃辣。吃辣会给人以一种热的感觉，所以在诸如四川、湖南、湖北、云南、贵州、江西等常年潮湿多雨的地区，吃辣是人们祛除体内湿冷的重要方法。此外，吃辣也会让人的大脑变得兴奋，促进消化和新陈代谢。

浓

选择上好的一种或几种食材，运用最地道、最恰当的方式烹饪调味，亦酸、亦甜、亦苦、亦辣、亦咸……将那些人们曾经无比熟悉的味道重现，虽不至于厚味重口，但务必恰如其分，多一分嫌多，少一分嫌少，一个"浓"字就意味着一种充分的满足与深深的依恋。待到浓郁的汤汁填满味蕾，还有那些熟悉的口感与记忆，便会从四面涌来，暖暖的，说不出的舒畅受用，正如那句"味至浓时即家乡"。

醇

自然界中的食物也是有故事的，每一个食材的背后都正在发生着一个真实而又新鲜的故事。就像一颗豆子，它的外部特征、口感会告诉你一些有关它的产地、收获季节等零碎信息。这是一种简单而又醇美的品尝体验，它更忠于食材朴素、自然的风味，你几乎可以从中闻得到雨后田野里风的气息。这也是一种纯正而平和的味道，它的珍贵之处就在于不加刻意的修饰，却能俘获人心。

食味中国

在中国，老百姓常说"民以食为大，食以味当先"。食与味彼此共存、相互依托，是人们每一天都须面对的饮食生活的一部分。食，既是一种食物的通称，也是人获得食物后出于本能所触发的一系列吃的行为。而美味的食物不仅能让人填饱肚子，更能给人以美妙的享受，满足感、幸福感也就由此而来。

食物的味道，从狭义上来说可分为两种：一是本味，即食材的自然之味；二是调和之味，即通过食材搭配、烹饪调味之后获得的美味。

中国人在吃的方面从来都是肯下一番苦功的，讲究甚多，不仅要吃得饱、吃得好，更要吃得巧。博大精深的中华饮食也深受中医药的影响，并从中获得调味、补养的启发，调和鼎鼐，自成一格。中餐烹饪的始祖伊尹在实践中总结食味特征与烹饪技巧，并归纳出一套初步成形的理论，人们可以在《吕氏春秋·本味》中找到有关的精辟论述。

"凡味之本，水最为始。五味三材，九沸九变，火为之纪。时疾时徐，灭腥去臊除膻，必以其胜，无失其理。调和之事，必以甘、酸、苦、辛、咸。先后多少，其齐甚微，皆有自起。鼎中之变，精妙微纤，口弗能言，志不能喻。若射御之微，阴阳之化，四时之数。故久而不弊，熟而不烂，甘而不浓，酸而不酷，咸而不减，辛而不烈，淡而不薄，肥而不腻。"

伊尹认为，世间味的根本，在于水。除了酸、甜、苦、辣、咸五种基本味以外，烹饪所用的水、木、火这三材也影响着味道的呈现，味道在水中煮沸九次就会有九种变

化，火是非常关键的要素。审时度势地使用大火、小火，借助火力来灭腥、去臊、除膻，好滋味自然水到渠成，也不会失去食材的原味。滋味的调和，必然是围绕甜、酸、苦、辣、咸来展开。调味料的加入顺序、用量多少、多种调味料的相互搭配完全取决于个人的口味。锅中的烹调技巧与变化精妙细微，不是三言两语就能够表达清楚的，若要准确地把握食材的细微变化，还要结合阴阳转化、季节时令来综合考虑。所以，久放而不腐坏、熟而不烂、甘而不过甜、酸而不涩、咸而不苦、辣而不烈、淡而不寡、肥而不腻，才是极致的美味。

● 每一道菜肴都是厨师用心烹制的作品，"物无定味，适口者珍"，人们对极致美味的不同定义，让中餐烹饪更注重对味道的调和。

食味之说

所谓"烹"，即是人们借助火力来把食物加热制熟；所谓"调"，即是发挥人的主动性，将多种食材、辅料、调味品合理地加以选择、搭配。烹调的目的是在食材的本味基础上，增添加热后的熟味，同时混入辅料、调味品的味道，这些风格各异的种种滋味彼此交融、混杂，你中有我，我中有你，常常可以化平凡为神奇，赋予食物崭新的风味特征，给人以奇妙的味觉体验。所谓的"味"，即是烹饪调味中最常提及的"辛、甘、酸、苦、咸"五种基本味道。

一种食物中常常混入食材的原味、熟味以及其他辅料、调味品的调和味，这些味道有时可能会有些偏重，如偏甜的食物或偏辣的食物等，但总体上各种不同滋味是协调共存的。添则嫌多，减之则不足，恰到好处的味道才能更接近美味的至高境界。

有着辽阔疆域与丰富人文的华夏大地，"南甜北咸东辣西酸"的饮食口味风格迥然。此外，季节、气温、风俗、习惯、年龄、体质、需求等情况的不同与变化，都促使着美食标准在每个人的心中摇摆不定。人们经常由衷感叹的"众口难调"也正是来源于这种美食标准的复杂性与不确定性。美食家们也在众多食材与口味中，不断地寻找着新的食味创意与平衡点，为满足更多的人、更多千差万别的口味要求而不懈努力。

食材所具有的天然味道被人们划归为酸、苦、甘、辛、咸五种。对应人体脏腑的关系分别为酸入肝、苦入心、甘入脾、辛入肺、咸入肾。同时，五种食味的选择也存有"禁区"，即肝忌辛、肺忌苦、心忌咸、肾忌甘、脾忌酸。

- 咸味，即盐的味道，它为五味之首，是大多数菜品的主味，咸味可抑制食材的腥恶味，增强鲜美口味，但调味中须谨守宁淡勿咸的原则。

味道	评述	对应脏腑	常见食物
酸	酸或涩味，可祛腥解腻、开胃消食。	肝	乌梅、柠檬、山楂
苦	苦味，可清热泻火、止咳平喘。	心	苦瓜、百合、牛蒡
甘	甜或平淡味，可调和脾胃、解腻提鲜。	脾	大枣、甘蔗、胡萝卜
辛	麻或辣味，可促进食欲、解腻增香。	肺	辣椒、韭菜、洋葱
咸	咸味，可提味、解腻、激发鲜香味。	肾	乌贼、鱼肉、海带

调和鼎鼐

作为有着悠久灿烂饮食文明的鼎食民族，中华民族的烹饪精要在于烹饪所讲求的"调和鼎鼐"之理。具体来讲，即对烹饪技艺在整体饮食平衡、分寸把握上的理念与追求，任何美食皆在其范畴内寻求理念的独特与韵味的丰富。此外，"调和鼎鼐"也表现在烹饪配料、入味以及诸如季节、时间、体质等各个方面饮食细节的和谐统一与全盘考虑。

合理膳食是指选取多种食物合理搭配，摄入均衡的营养，因而又称为平衡膳食。关于合理膳食的原则，早在战国时期的《黄帝内经》中就曾提出"五谷为养，五果为助，五畜为益，五菜为充。气味合而服之，以补益精气"的饮食搭配原则。

五谷为养，以稻、麦、稷、黍、菽作为基本给养。

五畜为益，以牛、羊、猪、狗、鸡作为补益营养。

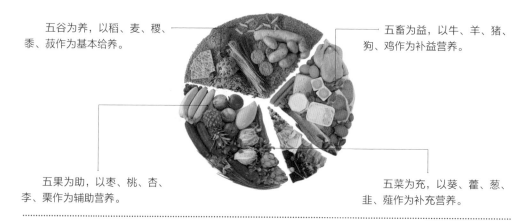

五果为助，以枣、桃、杏、李、栗作为辅助营养。

五菜为充，以葵、藿、葱、韭、薤作为补充营养。

顺时养生要诀

一年四季会有寒热温凉的变化，顺应不同的时节，人们也应对自己的饮食做出调整，更有倾向性地补养脏腑，以趋于人体内外的平衡。中医即有"春养肝、夏养心、秋养肺、冬养肾"之说。

春
宜养脏腑：肝、胆。
膳食原则：由温补、辛甘转为清淡，以温补阳气。
适宜食物：春笋、鲫鱼等。

夏
宜养脏腑：心、脾、小肠。
膳食原则：补气养阴，以甘寒清淡、利湿清暑为宜。
适宜食物：绿豆、冬瓜等。

冬
宜养脏腑：肾。
膳食原则：敛阳护阴，宜减咸而增苦，以养心气。
适宜食物：羊肉、茼蒿等。

秋
宜养脏腑：肺、大肠。
膳食原则：养阴润燥，宜用甘润、平和之品。
适宜食物：萝卜、山药等。

食味之城

在酸、甜、苦、辣、咸五种基本味当中，除了咸味属于最单纯的主味以外，其他四种都各具特色。在中国美食地图上，有些口味甚至成为一些城市的标志，为寻遍四海的"吃货"们所向往。

"辣"味之城

在中国，以吃辣为乐的城市众多，或重或淡，难分伯仲，但成都、长沙、贵阳三地更具特色，民间食辣之风更胜一筹。成都的辣以川菜为依托，讲究辣与香的融合，同时更侧重于"麻"，多以辣椒、胡椒、花椒、豆瓣酱调味，辣得极富遗风余韵。辣在长沙注重香、酸、辣，山乡风味浓郁，油重色浓，整座城市的空气中似乎都飘着辣椒的味道。而踏入贵阳地界，辣椒品种众多，吃辣如同吃盐，各种辣椒酱无处不在，甚至有人将贵阳美食称作"蘸水文化"，谈及极致的辣味，让人闻风色变。

"甜"味之城

中国口味"南甜"的说法由来已久，广州、苏州、上海皆榜上有名。说广州人爱吃甜味原因有二，一是广州菜更注重原汁原味，讲究清中求鲜、淡中求美，这种清淡、求鲜的口味让甜味变得格外突出；二是广州地处亚热带沿海，温暖多雨，夏季较长，广州人常喝糖水生津润喉、消暑解渴、补充体力，各种各样的糖水绝对让人啧啧称奇。苏州菜口味清淡趋甜，人们习惯于在烹饪时加糖来帮助调味增鲜，位列"中国四大小吃"之一的苏州小吃品种繁多，甜糯香软，声名远播。上海本帮菜讲究浓油赤酱，烹饪时添加酱油和糖是一大特色，口味偏甜。

● 广州人的饮食全国闻名，取材广博，选料精细，讲究档次，也因此赢得了"食在广州"的赞誉。

"酸"味之城

酸味，是醋的味道，口味鲜爽，可以让烹饪食材变得更加脆嫩、清鲜。在中国，醋的知名出产地有两个，一是山西太原，那里是醋的朝圣之地，醋的滋味醇厚、绵酸柔和，最宜搭配山西面食，余味悠长；一是江苏镇江，那里的醋酸而不涩，香而微甜，滋味鲜美，是拌凉菜、烹鱼的极佳之选。

● 提及"酸"味，不得不说到重庆，虽说麻辣是重庆人最钟爱的口味，但重庆人却能将酸与辣完美结合，酸味中和掉一些辣味，吃起来更香。

"苦"味之城

喜爱甜味的广州人对苦味也青睐有加，自古以来，青涩而偏于苦味的凉茶就是广州一道独特的风景线。每天早、午、晚三市，人们聚集在一起，喝喝茶，聊聊天，既消暑解渴，也增进消息的传播，这是广州人特有的一种生活方式。

食材与调味

食材与调味是厨房烹饪不可规避的话题。生活中可选的食材、调味料众多，它们在一道菜中所扮演的角色各不相同。不论是刚刚踏入厨房的菜鸟，还是厨艺精湛的大厨，熟悉它们，并能在适宜时机正确地使用它们，绝对可以称得上是一门学问。

食材

✪ 蔬菜

蔬菜是可以供人食用的植物类和菌类食物统称，是人们每天不可或缺的食物来源之一，它可以为人体提供大量膳食纤维、维生素和矿物质。蔬菜的品种众多，应尽量选择新鲜的时令蔬菜，其中种植要求严格规范的有机蔬菜品质最好。

✪ 水产品

水产品是淡水渔业和海洋渔业所产的动植物及其加工品的统称，以鱼、虾、蟹、贝为主，是人体获取优质蛋白质的重要来源。购买水产品时通常以保持鲜活者为佳，因其容易腐败变质，所以应趁鲜尽早食用，或者及时冷藏保鲜。

✪ 猪肉

新鲜猪肉表面微干或湿润，不粘手，嗅之气味正常。购买冷冻猪肉，应选择肉色红润均匀，脂肪洁白有光泽，肉质紧密，手摸有坚实感，外表及切面稍微湿润，不粘手、无异味者。目前市场上有不少冷冻猪肉，用来入馔味道并不比新鲜猪肉差，而且价格相对低廉。

✪ 牛肉

新鲜牛肉肌肉呈均匀的红色且有光泽，脂肪为洁白或淡黄色，外表微干或有风干膜，用手触摸不粘手，富有弹性，闻起来有鲜肉味。变质牛肉肌肉暗淡无光泽，脂肪呈淡黄绿色，外表粘手或极度干燥，新切面发黏，用手指压后凹陷不能复原，留下明显的指压痕，闻起来有异味或臭味。

✪ 羊肉

新鲜的羊肉呈暗红色，脂肪为白色。绵羊肉质细嫩，肥美可口，膻味较小；山羊肉较粗糙，膻味较重，但脂肪和胆固醇含量较低。

✪ 兔肉

新鲜兔肉肌肉呈暗红色并略带灰色，脂肪为洁白或黄色，肉质柔软且有光泽。除了看色泽以外，还可以看以下几个方面：结构紧密坚实，肌肉纤维韧性强；外表风干，有风干膜，或外表湿润而不粘手；闻之有兔肉的正常气味。

✪ 鸽肉

购买冷冻鸽肉时，要注意挑选肌肉有光泽，脂肪洁白的；肌肉颜色稍暗，脂肪也缺乏光泽的是劣质鸽肉。

✪ 鸡肉

光鸡是经宰杀、去毛后出售的鸡。新鲜的光鸡眼球饱满，肉色白里透红，皮肤有光泽，外表微干或略湿润，不粘手，用手指按压有弹性，闻之气味正常。

✪ 鸭肉

老鸭毛色比较暗，而且粗乱，老鸭一般用于炖汤；嫩鸭的毛色较有光泽，而且顺滑，嫩鸭可采用多种方法烹饪，蒸、煮、煎、烧皆宜。我们还可以用手捏鸭嘴，感觉柔软的就是嫩鸭，而老鸭的嘴较为坚硬。冰鲜鸭肉以肌肉和脂肪均有光泽的为佳。

✪ 豆制品

豆制品不仅美味，而且营养价值很高，可与动物性食物媲美。豆制品的营养主要体现在其丰富的蛋白质含量上。豆制品所含人体必需的氨基酸与动物蛋白相似，同样含有钙、磷、铁等人体需要的矿物质，也含有维生素 B_1、维生素 B_2 和纤维素。豆制品的营养比大豆更易于消化吸收。因为大豆加工制成豆制品的过程中由于酶的作用，促使豆中更多的磷、钙、铁等矿物质被释放出来，能提高人体对大豆中矿物质的吸收率。发酵豆制品在加工过程中，由于微生物起到一定的作用，还可合成维生素，对人体健康十分有益。

调味料

调味料也称佐料，是指被少量加入其他食物中用来改善食物味道的食品，最常见的是油、盐、酱、醋等。

✿ 豆油

豆油以大豆种子压榨的油脂，是世界上产量最多的食用油。精炼过的大豆油为淡黄色，但长期储存后其颜色会由浅变深，不宜长期储存。

✿ 色拉油

色拉油是将毛油经过精炼加工后制成的食用油，色泽淡黄、澄清、透明，用于烹调时油烟较少，也作为冷餐的凉拌油使用，市场上较为常见的有大豆色拉油、菜籽色拉油、葵花子色拉油等。

✿ 橄榄油

橄榄油颜色黄中透绿，闻着有股诱人的清香味，入锅后一种蔬果香味贯穿炒菜的全过程。它不会破坏蔬菜的颜色，也没有任何油腻感，并且油烟很少。橄榄油是做冷酱料和热酱料最好的油脂成分，它可保护新鲜酱料的色泽。

✿ 红油

红油是中式酱料中常用到的食材，香辣可口，它的好坏会影响酱料的色、香、味。好的红油不仅给酱料增色不少，而且还好闻好吃；不好的红油会让酱料的颜色变得晦暗或无光泽，而且会有苦味或无味。

✿ 香油

香油是小磨香油和机制香油的统称，即具有浓郁或显著香味的芝麻油。在加工过程中，芝麻中的特有成分经高温炒料工艺处理后，生成具有特殊香味的物质，致使芝麻油具有独特的香味，有别于其他各种食用油，故称香油。香油可用于烹饪或酱料里，菜肴起锅前淋上香油，可增香味；腌渍食物时，亦可加入香油以增添香味。

✿ 花椒油

调味油类，用于需要突出麻味和香味的食品中，能增强食品的风味，多用于川菜、凉拌菜、面食、米线、火锅中。

✿ 蚝油

蚝油不是严格意义上的油脂，而是在加工蚝豉时，煮蚝豉剩下的汤，此汤经过滤浓缩后即为蚝油。它是一种营养丰富、味道鲜美、蚝香浓郁、黏稠适度的调味佐料。蚝油中牛磺酸含量之高是其他任何调味料不能相比的，其含量与谷氨酸相似，被称为"多功能食品添加剂的新星"，具有防癌抗癌、增强人体免疫力等多种保健作用，在临床治疗应用广泛，可防治多种疾病。蚝油中的锌、铜、硒含量较高，长期食用可以补充人体中这些元素的不足。

☺ 盐

盐是烹饪中最常用的调味料，有着"百味之王"的说法，其主要化学成分是氯化钠，味咸，在烹饪中能起到定味、调味、提鲜、解腻、去腥的作用。用豆油、菜籽油炒菜时，应炒过菜后再放盐；用花生油炒菜时，应先放盐，这样可以减少黄曲霉菌；用荤油炒菜时，可先放一半盐，菜炒好后再加入另一半盐；做肉类菜肴时，炒至八成熟时放盐最好。

☺ 味精

味精是从大豆、小麦、海带及其他含蛋白质物质中提取的，味道鲜美，在烹饪中主要起到提鲜、助香、增味的作用。当受热到120℃以上时，味精会变成焦化谷氨酸钠，不仅没有鲜味，还有毒性。因此，味精最好在炒好起锅时加入。

☺ 酱油

酱油是用豆、麦、麸皮酿造的液体调味品。色泽红褐色，有独特酱香，滋味鲜美，有助于促进食欲，是中国的传统调味品。酱油根据烹饪方法不同，使用方法也不同，通常是在给食物调味或上色时使用。在中式酱料中，加入一定量的酱油，可增加酱料的香味，并使其色泽更加好看。在锅里高温久煮会破坏酱油的营养成分并失去鲜味，因此，烧菜应在即将出锅之前再放酱油。

☺ 鸡精

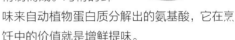

鸡精是近几年使用较广的强力助鲜品，用鸡肉、鸡蛋及麸酸钠精制而成。鸡精的鲜味来自动植物蛋白质分解出的氨基酸，它在烹饪中的价值就是增鲜提味。

☺ 醋

醋是一种发酵的酸味液态调味品，以含淀粉类的粮食为主料，谷糠、稻皮等为辅料，经过发酵酿造而成。醋在中式烹调中为主要的调味品之一，以酸味为主，且有芳香味，用途较广。它能去腥解腻，增加鲜味和香味，减少维生素C在食物加热过程中的流失，还可使烹饪原料中钙质溶解而利于人体吸收。醋有很多品种，除了众所周知的香醋、陈醋外，还有糙米醋、糯米醋、米醋、水果醋、酒精醋等。优质醋酸而微甜，带有香味。

☺ 糖

糖也是烹饪中使用非常频繁的调味料，它会赋予食品甜味、香气、色泽，并能够让食物在很长时间里保持潮润状态与柔嫩的质感，担当"食品胶黏剂"的角色。市面上的糖类调味品有白砂糖、绵白糖、红糖、冰糖等。在制作糖醋鲤鱼等菜肴时，应先放糖后加盐，否则盐的"脱水"作用会促进蛋白质凝固而使食材难于将糖味吃透，影响其味道。冰糖为砂糖的结晶再制品，味甘性平，有益气、润燥、清热的作用。

✿ 辣椒

辣椒可使菜肴增加辣味，并使菜肴色彩鲜艳。烹饪中常用的辣椒包括灯笼椒、干辣椒、剁辣椒等。灯笼椒肉质比较厚，味较甜，常剁碎或打成泥，有提味、增香、爽口、去腥的作用。干辣椒一般可不打碎，有增香、增色的作用。剁辣椒可直接加于酱料中食用，颜色鲜艳，味道可口，还有去腥与杀菌的作用。

干辣椒

干辣椒是用新鲜辣椒晾晒而成的，外表呈鲜红色或棕红色，有光泽，内有籽。干辣椒气味特殊，辛辣如灼。干辣椒可切节使用，也可磨粉使用，可去腻、去膻味。干辣椒节主要用于糊辣口味的菜肴，川菜调味使用干辣椒的原则是辣而不燥。以油爆炒时需注意火候，不宜炒焦。火锅汤卤锅底中加入干辣椒，能去腥解腻、压抑异味、增加香辣味和色泽。

辣椒粉

辣椒粉是将红辣椒干燥、粉碎后做成的，根据其粒子的大小分成粗辣椒粉、中辣椒粉、细辣椒粉，而根据其辣味程度则分成辣味、微辣味、中味、醇和味。

辣椒粉的使用方法：

❶ 直接入菜，如宫保鸡丁，用辣椒粉可起到增色的作用。

❷ 制成红油辣椒，做成红油、麻辣等口味的调味品，广泛用于冷热菜式，如红油笋片、红油皮扎丝、麻辣鸡、麻辣豆腐等菜肴的调味。

✿ 豆腐乳

豆腐乳是经二次加工的豆制发酵调味品，分为青方、红方、白方三大类，可以用来烹饪调味或者独立作为佐餐小菜，滋味咸鲜，可以让菜品的口味变得更加丰富而有层次。

一般来说，食物经过发酵后更便于人体吸收营养成分，经发酵的豆类或豆制品，B 族维生素明显增加。

✿ 泡椒

泡椒，俗称"鱼辣子"，是一种鲜辣开胃的调味料。它是用新鲜的红辣椒泡制而成，由于泡椒在泡制过程中产生了乳酸，所以用于烹制菜肴，就会使菜肴具有独特的香气和味道。泡椒具有色泽透亮、辣而不燥、辣中微酸的特点，常用于各种辣味菜品调味，尤其在川菜调味中最为多见。

食用香料

食用香料是为了提高食品的风味而添加的香味物质，是以天然植物为原料加工而成的。常用的天然香料有八角、花椒、姜、葱、蒜、胡椒、丁香、香叶、桂皮等。

✪ 葱

葱常用于爆香、去腥，并以其独有的香味提升食物的味道。也可在菜肴做完之后撒在菜上，增加香味。

✪ 姜

姜性热味辛，含有挥发油、姜辣素，具有特殊的辛辣香味。生姜可以去除鱼的腥味，去除猪肉、鸡肉的膻味，并可提高菜肴风味。姜用于红汤、清汤汤卤中，能有效地去腥压膻、提香调味。姜通常要剁成末或切片、切丝使用，也可以榨汁使用。

✪ 蒜

大蒜味辛，有刺激性气味，含有挥发油及二硫化合物。大蒜主要用于调味增香、压腥味及去异味。常切片或切碎之后爆香，可搭配菜色，也能增加菜的香味。

✪ 麻椒

麻椒是花椒的一种，花椒的颜色偏棕红色，而麻椒的颜色稍浅，偏棕黄色，但麻椒的味道要比花椒重很多，特别麻，它在烹饪川菜时是一味非常关键的调味料。

✪ 花椒

花椒亦称川椒，味辛性温，麻味浓烈，花椒果皮含辛辣挥发油等，辣味主要来自山椒素。花椒在咸鲜味菜肴中运用比较多，一是用于原料的先期码味、腌渍，起去腥、去异味的作用；二是在烹调中加入花椒，起避腥、除异味、和味的作用。花椒粒炒香后磨成的粉末即为花椒粉，若加入炒黄的盐则成为花椒盐，常用于油炸食物蘸食之用。

✪ 胡椒

胡椒辛辣中带有芳香，有特殊的辛辣刺激味和强烈的香气，有除腥去膻、解油腻、助消化、增添香味、防腐和抗氧化作用，能增进食欲。胡椒分黑胡椒和白胡椒两种。黑胡椒粉因其色黑且辣味强劲而用于肉类烹调，白胡椒粉则因其色白又香醇多用于鱼类料理。整枝胡椒则在煮梨汁、高汤、其他汤时使用。

✪ 陈皮

陈皮亦称橘皮，是用成熟了的橘子皮阴干或晒干制成。陈皮呈鲜橙红色、黄棕色或棕褐色，质脆，易折断，以皮薄而大，色红，香气浓郁者为佳。在川菜中，陈皮味型就是以陈皮为主的调味品调制的，是川菜常用的味型之一。陈皮在冷菜中运用广泛，如陈皮兔丁、陈皮牛肉、陈皮鸡等。

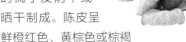

❂ 八角

八角又称八角茴香，香气浓郁，味辛、甜，可以去除腥膻异味、提味增香、促进食欲，常在煮、炖、酱、卤、焖、烧及炸等烹饪中使用，是中餐烹饪中出镜率极高的调味品，但因其香气极浓，须酌量使用。

❂ 桂皮

桂皮带有特殊的香味，可以使菜肴更香，做成粉调味可以去除肉类的膻味，若放入肉桂茶、米糕、韩式糕点里使用时，则可以增强香气与改善色泽。

❂ 丁香

丁香是丁香科植物的干燥花蕾，味辛辣，香气馥郁，多用于肉食、糕点、腌渍食品、炒货、蜜饯、饮料的调味，可矫味增香，是制作五香粉的主要原料之一。

❂ 豆蔻

豆蔻有肉豆蔻、白豆蔻、草豆蔻、红豆蔻等品种，辛香温燥，是较为常见的辛香料，可以为食物增香，同时促进食欲。肉豆蔻可解腥增香，是制作肉食、酱卤肉的必备香料之一。白豆蔻可去除异味，增辛香，多用于制作肉类食物。草豆蔻可去除腥膻异味，提味增香，多用于制作肉食和卤菜。红豆蔻可除腻增香，多是作为白豆蔻的替代品使用。

❂ 香叶

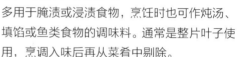

香叶是常绿树甜月桂的叶，味辛凉，气芬芳，略有苦味，多用于腌渍或浸渍食物，烹饪时也可作炖汤、填馅或鱼类食物的调味料。通常是整片叶子使用，烹调入味后再从菜肴中剔除。

❂ 甘草

甘草味甜，气芳香，是我国民间传统的天然甜味剂，可作为砂糖的替代品调味使用，多在煲汤时使用。在市场上选购甘草时以条长匀整、皮细色红、质坚油润者为佳。

❂ 白芷

白芷气芳香，味辛，微苦，是香料家族当中的重要成员，能去除异味、调味增香，在各种烹饪方式中被广为使用，如煲汤、炖肉、烤肉、腌渍泡菜等。烹饪时白芷可单独使用，也可整用、碎用，是制作十三香的重要原料之一。

❂ 迷迭香

迷迭香的叶带有茶香，味辛辣、微苦，其少量干叶或新鲜叶片常用于食物调味，特别用于羔羊、鸭、鸡、香肠、海味、土豆、西红柿、萝卜等食材的烹制，因味甚浓，应在食前取出。迷迭香具有消除胃胀、增强记忆力、提神醒脑、减轻头痛、改善脱发的作用，在酱料中常用它来提升酱的香味。

❂ 山奈

　　山奈，又叫沙姜，为草本植物的干燥根茎或鲜根茎，皮薄肉厚，质脆嫩，味辛辣，气香特异，烹饪时多被用于配制卤汁，也是制作五香粉的主要原料之一。

❂ 五香粉

　　由于陈皮、沙姜、八角、茴香、丁香、小茴香、桂皮、草果、豆蔻、砂仁等原料，都有各自独特的芳香气，所以它们都是调制五香味型的调味品，多用于烹制动物性原料和豆制品原料的菜肴，如五香牛肉、五香鳝段、五香豆腐干等，四季皆宜。

❂ 砂仁

　　砂仁性温味辛，有着浓烈的辛辣和芳香气味，是中式菜肴的重要调味品，也是制作咖喱菜的佐料。多在炖汤、火锅、卤味食物制作中使用。

❂ 料酒

　　料酒以糯米为主要原料酿制而成，具有柔和的酒味和特殊的香气。烧制鱼、羊肉等荤菜时放一些料酒，可以借料酒的蒸发除去腥气。料酒在火锅汤卤中的主要作用是增香、提色、去腥、除异味。

酱料

作为烹饪的辅助材料，酱料的作用不容忽视，它既有着调味、增香、增色的作用，又有着嫩滑食材的作用，酱料运用得当往往是烹饪的关键。

✿ 大酱

大酱也叫黄酱，是以黄豆、面粉为主要原料酿造而成的调味品，滋味咸鲜。人们通常以新鲜的蔬菜蘸着生酱佐饭，是北方人餐桌上常见的调味品之一。

✿ 甜面酱

甜面酱，也叫甜酱，是以面粉为主要原料制曲、发酵而成，滋味咸甜可口，酱香浓郁，多在烹饪酱爆和酱烧菜时使用，同时也可蘸生鲜蔬菜或吃烤鸭时使用。

✿ 辣椒酱

辣椒酱是用红辣椒磨成的酱，又称辣酱，可增添辣味，并增加菜肴色泽。辣椒酱有油制和水制两种。油制是用芝麻油和辣椒制成，颜色鲜红，上面浮着一层芝麻油，容易保管；水制是用水和辣椒制成，颜色鲜红，不易保管。辣椒酱用于做汤、炒菜、烤、凉拌等，也可以做炒辣椒酱直接食用或用来做菜。

✿ 番茄酱

番茄酱是以新鲜西红柿制成的酱状浓缩制品，具有西红柿风味的特征，能帮助菜肴增色、添酸、提鲜，常在烹饪鱼、肉类菜肴时，制作糖醋汁、茄汁，会让食材的肉质变得格外细嫩。

✿ 豆瓣酱

豆瓣酱是由蚕豆、盐、辣椒等原料酿制而成的酱，味道咸、香、辣，颜色红亮，不仅能增加口感香味，还能给菜增添颜色。豆瓣酱油爆之后色泽及味道会更好。以豆瓣酱调味的菜肴，无须加入太多酱油，以免成品过咸。调制海鲜类或肉类等带有腥味的酱料时，加入豆瓣酱有压抑腥味的作用，还能突出口味。

✿ 芝麻酱

芝麻酱是人们非常喜爱的香味调味品之一，其是用上等芝麻经过筛选、水洗、焙炒、风净、磨酱等工序制成的，富含蛋白质、氨基酸及多种维生素和矿物质，有很高的保健价值。芝麻酱本身较干，通常是调稀后使用。芝麻酱是火锅涮肉时的重要涮料之一，能起到很好的提味作用，做酱时也经常会用到芝麻酱，用来调和酱料的味道，通常会用到拌酱中。

✿ 果酱

果酱是长时间保存水果的一种方法，是一种以水果、糖及酸度调节剂以超过100℃熬制成的凝胶物质，主要用来涂抹于面包或吐司上食用。果酱滋味酸甜可口，营养丰富，大多数水果都可以制作，通常只使用一种果实，但含糖量偏高，不宜多食。

其他辅料

其他辅料是指我们在日常生活中常用到的、非必备的材料。它们可以有助于主菜的调味、增色，却并非烹饪中必不可少的调料。

☻ 淀粉

淀粉，也称芡粉，是由甘薯、玉米中提取出来的淀粉物质。淀粉在烹饪中的重要价值就在于挂糊、上浆和勾芡，使用前先将其溶于水中，可使汤汁变得浓稠，进而改变菜肴的色泽和口味。

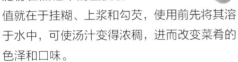

☻ 发粉

发粉，俗称泡打粉，是一种由苏打粉配合其他酸性材料，并以玉米粉为填充剂制成的复合疏松剂。主要用于制作面食，加入面糊中，可增加成品的膨胀程度，使口感更加松软。

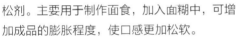

☻ 小苏打粉

小苏打粉也被称为食用碱，色白，易溶于水，在制作面食如馒头、油条时，将小苏打粉溶于水拌入面粉中，能让制成品口感更加蓬松。以适量小苏打粉腌渍肉类，也可使肉质变得滑嫩。

☻ 酵母

酵母多被用于制作面食，有新鲜酵母、普通活性干酵母和快发干酵母三种。在烘焙过程中，酵母会产生二氧化碳，具有膨大面团的作用。酵母发酵时产生酒精、酸、酯等物质，也会形成特殊的香味。

☻ 醪糟

醪糟用糯米酿制而成，米粒柔软不烂，酒汁香醇。醪糟甘甜可口、稠而不混、酽而不黏。醪糟可以生食，也可以作发酵介质或普通特色菜品的调味料，如醪糟鱼等；调制火锅汤卤底料加入醪糟，可增加醇香和回甜味。

☻ 炼奶

炼奶又称为炼乳，是以新鲜牛奶为原料，经过均质、杀菌、浓缩等工序制成的乳制品，有丰富的营养价值，是西式酱料中常见的添加物，可以起到提味、增香的作用。

☻ 蛋黄酱

美味可口的蛋黄酱可以使普通的水果和蔬菜顿然生色，变幻出各种诱人的味道。蛋黄酱是西方人最爱用的沙拉酱料之一。

☻ 鱼露

鱼露，俗称鱼酱油，是将小鱼虾腌渍、发酵、熬炼以后获得的一种味道极为鲜美的琥珀色汁液，风味独特，常作为烹饪调味、提鲜之用，是广东、福建等地所常见的水产调味品。

✿ 芥末

芥末是由芥菜的成熟种子碾磨成的一种粉状调料，又称芥子末、山葵、辣根、西洋山芋菜。它含有名为"黑芥子硫苷酸梅（myrosinase）"的酵素调味成分，将其放入40℃的温水里搅拌后发酵的话，会散发出显著的香气与辣味，辛辣芳香，对口舌有强烈刺激，味道十分独特。芥末在冷菜、荤素原料中皆可使用，可用作泡菜、腌渍生肉或拌沙拉时的调味品；可与生抽一起使用，充当生鱼片的美味调料；放入盐、白糖、醋后做成芥末酱，可以用于做芥末丝或凉茶。

✿ 豆豉

豆豉是以大豆、盐、香料为主要原料，经选择、浸渍、蒸煮，用少量面粉拌和，并加米曲霉菌种酿制后，取出风干而成的。具有色泽黑褐、光滑油润、味鲜回甜、香气浓郁、颗粒完整、松散化渣的特点。豆豉的种类较多，按加工原料可分为黑豆豉和黄豆豉，按口味可分为咸豆豉和淡豆豉。豆豉作为家常调味品，适合烹饪荤菜时解腥调味。豆豉可以加油、肉蒸后直接佐餐，也可作豆豉鱼、盐煎肉、毛肚火锅等菜肴的调味品。烹调上以永川豆豉和潼州豆豉为上品。

✿ 咖喱

咖喱的主要成分是姜黄粉、川花椒、八角、胡椒、桂皮、丁香和芫荽籽等含有辣味的香料，其能促进唾液和胃液的分泌，增加胃肠蠕动，增进食欲；能促进血液循环，达到发汗的目的。咖喱的种类很多，以国家来分，印度、斯里兰卡、泰国、新加坡、马来西亚等地所产的咖喱各有所不同；以颜色来分，有红、青、黄、白之别。根据配料细节上的不同来区分，咖喱大约有十多种之多，这些迥异不同的香料汇集在一起，就能够构成咖喱的各种令人意想不到的浓郁香味。

✿ 味噌

味噌由发酵过的大豆制成，主要为糊状，是一种调味料，也被用作为汤底，其以营养丰富、味道独特而风靡日本。味噌的种类繁多，大致上可分为米曲制成的"米味噌"、麦曲制成的"麦味噌"、豆曲制成的"豆味噌"等。味噌的用途相当广泛，可依个人喜好将不同种类的味噌混拌，添加入各式料理中。除了人们最熟悉的味噌汤外，举凡腌渍小菜、凉拌菜的淋酱、火锅汤底、各式烧烤及炖煮料理等都可以用到味噌。

不失毫厘

在大多数时候，专业的厨师烹饪菜肴都有标准的配料表参照，同时再借助丰富的烹饪经验来进行味道上的调整，最终让一盘色香味俱全的好菜出锅。由于吃饭人数、口味的不同，烹饪所需的食材可多可少，滋味可浓可淡，把握食材、调味料的使用量对于一道菜来说就变得至关重要。下面这些小工具将帮助你做到选料恰到好处、不失毫厘。

计量工具

秤

秤是测定重量的器具，一般以克或千克为单位。使用秤的时候，要选择平坦的地方水平放置，把指针调整到"0"的位置。

量杯

量杯主要用于盛需要计量的液体材料，是为了测定体积而使用的工具。

量匙

量匙是用来测定调味料的质量的，一般分为大匙和小匙两种。量匙一般分为5克、15克两种，在盛少量的材料时使用。

温度计

温度计是为了测定调理温度而使用的工具。一般厨房使用的温度计是非接触型的、可以测量表面温度的红外线温度计。测量油或糖浆等液体的温度时要使用200℃～300℃的棒状液体温度计，而肉类则要使用能测量肉类内部温度的肉类用温度计。

烹饪用钟表

在测量烹饪时间时，要使用计时表（stopwatch）或定时钟（timer）。

计量方法

粉状食品的计量方法

粉状食品是没有形状的，因此在装、放时不要挤压，要冒尖装、放，再均匀地去除顶部，将表面削平后再测量。

液体食品的计量方法

油、酱油、水、醋等液体食品，要使用透明的容器测量。一般放入表面有张力的量杯或计量匙中，测量时为确保准确性，要在量杯的刻度与液体的弯月面下线一致时再读取。

固体食品的计量方法

大酱或肉馅儿等固体食品，要满满地、不留空隙地塞入量杯或计量匙中，使表面平整后再测量。

颗粒状食品的计量方法

米、豆、胡椒等颗粒状的食品，要装入量杯或计量匙中，轻轻摇动使表面平整后，再进行测量。

有浓度的调味料的计量方法

辣椒酱等有浓度的调味料，要使劲儿压实放入容器里，均匀地推平后再测量。

摄取营养素

营养素是人们每日从饮食当中所获得的化学物质，它们是维持人体健康、成长发育以及日常活动的关键物质，主要包括蛋白质、脂类、糖类、维生素、矿物质和水 6 类。

蔬菜

营养素	主要提供维生素、矿物质及膳食纤维。通常深绿色、深黄色的蔬菜含维生素及矿物质的量比浅色蔬菜多
来源	蔬菜种类繁多，例如油菜、小白菜、芥菜等
建议量	每人每天 3 碟，其中至少 1 碟为深绿色或深黄色蔬菜。1 碟的分量约 100 克，3 碟即 300 克

水果

营养素	主要提供维生素、矿物质及部分糖类
来源	水果种类繁多，例如番石榴、苹果、橙子等
建议量	每人每天 2 个，最好有一个是枸橼类的水果。水果与蔬菜都提供维生素及矿物质，但其所含的维生素及矿物质的种类并不相同，所以不可互相取代或省略其中一项

蛋豆鱼肉

营养素	主要提供蛋白质
来源	鸡蛋、鸭蛋、黄豆、豆制品、水产类、猪肉、牛肉、鸡肉、鸭肉等
建议量	每人每天 4 份。每份相当于蛋 1 个，或豆腐 50 克，或鱼类 50 克，或肉类 50 克

奶制品

营养素	主要提供蛋白质及钙质
来源	牛奶、奶酪、发酵乳等
建议量	每人每天 1 ~ 2 杯，1 杯约 240 毫升

粮谷类

营养素	主要提供糖类及一部分蛋白质。若选择全谷类，则含 B 族维生素及丰富的纤维素
来源	米饭、面条、面包、馒头等
建议量	每人每天 3 ~ 6 碗，因每个人体形及活动量不同，所需热量也不一样，故可依个人的需求酌量增减

烹饪油

营养素	主要提供脂质
来源	烹调用油，有色拉油、花生油、猪油等
建议量	每人每天 2 汤匙，每汤匙约 15 毫升，在饮食中由于牛奶、肉类及鱼类已提供了相当量的动物性油脂，所以炒菜用油最好选择植物性油脂

第1章

....

唇齿留香

　　餐桌上的香气带有一种魔力。无论是纯净的天然之香，还是复杂的调味之香，它们都会温柔地包围你，钻进你的鼻子和嘴巴。当嗅觉、味觉彻底沦陷，大脑里早已蠢蠢欲动的吃的欲望会引导你风卷残云般扫光一切，而后长出一口气，吐出两个字："好吃！"

蒜薹香干

⏱ 2分钟　　✖ 促进食欲
🧂 清淡　　☺ 一般人群

　　真正的美味不一定都是山珍海味，而真正的好菜却绝对会让你吃到忘情。香干是一种源自豆腐的特色食材，以浙江宁波所产的最为知名，色泽黄亮，方正柔韧，鲜香味美。半把蒜薹、几块香干即可炒成一盘，脆的尤脆，香的愈香，更有那么一点点儿似有若无的辣，半晌过后香气犹存。

材料		调料	
蒜薹	100克	盐	2克
香干	150克	味精	1克
红椒	20克	白糖	2克
		蚝油	3毫升
		生抽	5毫升
		水淀粉	适量
		料酒	5毫升
		食用油	适量

❶ 将洗净的蒜薹切成段。

❷ 红椒洗净，切丝。

❸ 香干洗净，切条。

❹ 热锅注油，烧至四成热，倒入香干。

❺ 炸大约 1 分钟后捞出。

做法演示

❶ 锅中留油，倒入蒜薹、红椒。

❷ 加入料酒炒香。

❸ 倒入香干。

❹ 放盐、味精、白糖、蚝油、生抽翻炒入味。

❺ 加入水淀粉勾芡，翻炒均匀。

❻ 盛入盘中即可。

食物相宜

预防牙龈出血

蒜薹

生菜

缓解疲劳

蒜薹

猪肝

制作指导

✪ 蒜薹以刚采摘的脆嫩蒜薹为佳。

✪ 蒜薹不宜保存太久，买后要尽快食用。

养生常识

★ 消化功能不佳的人宜少吃蒜薹，且过量食用会影响视力。

★ 蒜薹虽有护肝作用，但肝病患者过量食用，有可能造成肝功能障碍，引起肝病加重。

★ 蒜薹不宜烹制得过烂，以免辣素被破坏，杀菌作用降低。

芹菜香干

🕐 4分钟　　❌ 降压降糖

🔺 清淡　　😊 高血压患者

　　人们借助多种调味品将豆腐制成香干，进而延长这种美味食材的生命力，不仅保留了它的营养价值，更增添了丰富的香气，口感细腻、咸鲜，热炒、油炸、凉拌皆宜。再搭配清淡脆爽的芹菜快炒，鲜香浓郁，脆嫩多汁，是一道非常容易上手的家常美味。

材料		调料	
白香干	200克	盐	2克
红椒	15克	味精	1克
芹菜	30克	蚝油	3毫升
姜片	5克	水淀粉	10毫升
蒜末	5克	豆瓣酱	适量
葱白段	5克	料酒	5毫升
		食用油	适量

食材处理

❶ 把洗净的白香干切成条。

❷ 将洗好的红椒切成丝。

❸ 将洗净的芹菜切成段。

❹ 热锅注油，烧至五成热，倒入白香干。

❺ 用锅铲搅散，使其受热均匀。

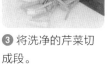
❻ 香干炸大约 1 分钟至熟，捞出备用。

做法演示

❶ 锅留底油，倒入姜片、蒜末、葱白段爆香。

❷ 倒入红椒、芹菜拌炒片刻。

❸ 倒入白香干。

❹ 加入适量盐、味精。

❺ 倒入蚝油、豆瓣酱和料酒。

❻ 翻炒大约 1 分钟至入味。

❼ 加入水淀粉勾芡。

❽ 将菜盛入盘中即可。

养生常识

★ 香干中的钠含量较高，糖尿病、肥胖或其他慢性病如肾病患者要慎食。

★ 香干含有的卵磷脂可除掉附在血管壁上的胆固醇，防止血管硬化，预防心血管疾病，保护心脏。

食物相宜

壮阳

香干

+

韭菜

治心血管疾病

香干

+

韭黄

增强免疫力

香干

+

金针菇

蒜苗小炒肉

⏲ 3分钟　　✂ 健脾养胃

🌡 辣　　😊 老年人

　　小炒肉这类菜式小而精致，美味关键还是在于肉和炒的火候。这道蒜苗小炒肉选用细嫩的五花肉，以中小火炒至色泽微黄、外焦里嫩；豆瓣酱和青椒、红椒的加入，不仅有益于提味，更能让五花肉油香扑鼻的同时毫不腻口，口感嫩软，微辣鲜香，光看一眼就会让你口水直流。

材料

五花肉	200 克
蒜苗	60 克
青椒	20 克
红椒	20 克
姜片	5 克
蒜末	5 克
葱白段	5 克

调料

盐	3 克
味精	3 克
水淀粉	10 毫升
料酒	3 毫升
老抽	5 毫升
豆瓣酱	适量
食用油	适量

食材处理

❶ 蒜苗洗净切段。

❷ 青椒、红椒均洗净切片。

❸ 五花肉洗净,切片。

做法演示

❶ 用油起锅,倒入五花肉。

❷ 炒至出油变色,倒入姜片、蒜末、葱白段炒香。

❸ 淋入料酒,加少许老抽炒匀上色。

❹ 加豆瓣酱炒匀。

❺ 往锅里倒入青椒、红椒。

❻ 再加入切好备用的蒜苗。

❼ 加盐、味精,炒匀调味。

❽ 再加少许熟油炒均匀。

❾ 加水淀粉勾芡。

❿ 翻炒均匀至入味。

⓫ 盛出装盘即可。

食物相宜

防治高血压、糖尿病

蒜苗

+

莴笋

养生常识

★ 中医认为,猪肉味苦、性微寒,入脾、肾经,有滋养脏腑、滑润肌肤、补中益气、滋阴养胃的作用。

★ 猪肉营养丰富,蛋白质和胆固醇含量高,还富含维生素 B_1 和锌等,是人们最常食用的动物性食品。

★ 经常适量食用猪肉可促进幼儿智力的提高。

★ 猪的全身都是宝,用猪的器官和药材配伍进行治病和美容,在众多的医家处方里是经常使用的。

红烧猪蹄

🕐 50分钟　❌ 美容养颜
🧂 咸香　☺ 女性

猪蹄，在古时是一种不登大雅之堂的食材，后为求取个"朱笔题名"的好彩头而成为馈赠考生的佳品。猪蹄物美价廉，营养丰富。红烧猪蹄色泽红亮，吃起来香滑软烂，不油不腻，有美容催乳之功，更是爱吃肉人士的心头所好。

材料		调料	
猪蹄	300克	盐	3克
西蓝花	150克	味精	2克
干辣椒	5克	白糖	2克
生姜片	10克	糖色	适量
大蒜	6克	蚝油	3毫升
红曲米	适量	辣椒油	适量
葱段	5克	水淀粉	适量
水发香菇	5克	食用油	适量
		八角	5克
		桂皮	5克

① 猪蹄切块，放入热水中，汆煮断生后捞出。

② 红曲米压碎，加清水、糖色调匀，淋在猪蹄上上色。

③ 西蓝花切瓣，焯熟盛盘。

做法演示

① 热锅注油烧至七成热，放入猪蹄后立即盖上锅盖。

② 炸约 1 分钟呈暗红色捞出。

③ 锅留底油，放入大蒜煸香。

④ 倒入干辣椒、生姜片、八角、桂皮、香菇炒香。

⑤ 再倒入猪蹄翻炒均匀。

⑥ 加适量清水，慢火焖约 40 分钟至猪蹄熟烂。

⑦ 加适量盐、味精、白糖、蚝油拌匀焖 5 分钟。

⑧ 再倒入水淀粉、辣椒油拌匀，然后撒入葱段。

⑨ 出锅装盘即可。

制作指导

✪ 西蓝花虽然营养丰富，但常有残留的农药，还容易生菜虫，所以在吃之前，可将西蓝花放在盐水里浸泡几分钟，菜虫就跑出来了，这种方法还有助于去除残留农药。

食物相宜

丰胸养颜

猪蹄

木瓜

补血养颜

猪蹄

黑木耳

养血生精

猪蹄

花生

泡椒肥肠

<table>
<tr><td>🕐 3分钟</td><td>✖ 益气补血</td></tr>
<tr><td>🔥 辣</td><td>☺ 男性</td></tr>
</table>

　　餐桌之上，香与辣是让吃货们食指大动、血脉贲张的两大主题。它们常常形影不离，就像这道泡椒肥肠，色泽红亮，泡椒辣而不燥，肥肠脆嫩香软，吃起来充溢满口的温热与香气，像具有神奇魔力般，能将你的味蕾送上云端。

材料			调料	
熟大肠	300克		盐	3克
灯笼泡椒	60克		水淀粉	10毫升
蒜梗	30克		鸡精	3克
干辣椒	5克		老抽	3毫升
姜片	5克		白糖	3克
蒜末	5克		料酒	5毫升
葱白段	5克		食用油	适量

❶ 将洗净的蒜梗切成
2 厘米长段。

❷ 把洗净的灯笼泡
椒对半切开。

❸ 将熟大肠切成大小
一致的块状。

做法演示

❶ 用油起锅，倒入姜
片、蒜末、葱白段爆香。

❷ 倒入切好的肥肠
炒匀。

❸ 倒入干辣椒翻炒
炒匀。

❹ 加老抽、料酒炒香，
去腥。

❺ 倒入准备好的灯笼
泡椒。

❻ 加入切好备用的
蒜梗。

❼ 加盐、白糖、鸡精
炒匀调味。

❽ 加水淀粉勾芡，加
少许熟油炒匀。

❾ 盛出装盘即可。

食物相宜

增强免疫力

猪肠

＋

香菜

健脾开胃

猪肠

＋

豆腐

制作指导

❂ 质量好的辣椒表皮有光泽，无破损，无皱缩，形态饱满，无虫蛀。

❂ 姜存放在阴凉潮湿处，或埋入湿沙内，可防冻。

养生常识

★ 大蒜梗一把，茄子梗一把，煎水洗可治冻疮。

★《纲目拾遗》中记载，蒜梗可治疮肿湿毒。

★ 辣椒可防治坏血病，对牙龈出血、贫血、血管脆弱有辅助治疗作用。

★ 姜可以去腥膻，增添鲜味，用于熬姜汤可辅助治疗感冒。

蒜薹羊肉

🕐 4 分钟　　🍴 滋补强身

🌡 鲜　　😊 老年人

　　蒜薹羊肉是一道做起来非常简单、快速的家常小炒。蒜薹清脆微辣，带有蒜香味，非常开胃下饭；与嫩软、味美的羊肉一同翻炒则让这道菜更添鲜香，青的青，红的红，油润、脆嫩的口感伴着浓郁的香气，又有一点点的甜，不时挑逗着你的味觉，让人难以招架。

材料		调料	
蒜薹	200 克	盐	3 克
羊肉	150 克	味精	1 克
洋葱丝	30 克	生抽	3 毫升
		淀粉	适量
		白糖	2 克
		料酒	5 毫升
		水淀粉	适量
		食用油	适量

食材处理

❶ 将洗净的蒜薹切成段。

❷ 将洗净的羊肉切成片。

❸ 羊肉片加盐、味精、生抽抓至入味。

❹ 撒上淀粉抓匀。

❺ 加食用油腌渍 10 分钟。

做法演示

❶ 用油起锅，倒入羊肉片炒至断生。

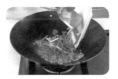

❷ 倒入蒜薹炒熟。

❸ 加盐、味精、白糖、生抽炒至入味。

❹ 加料酒炒匀，加水淀粉勾芡。

❺ 倒入洋葱丝炒匀。

❻ 盛入盘中即可。

食物相宜

治疗腹痛

羊肉

生姜

增强免疫力

羊肉

香菜

制作指导

✿ 要选用色泽鲜红且均匀，有光泽、肉质细而紧密，有弹性的羊肉。

菠萝鸡丁

- ⏱ 5分钟
- 🍴 清淡
- ✖ 增强免疫力
- 😊 一般人群

　　将水果入菜出自人们别出心裁的美食创意，这样既能祛除肉食的油腻感，又给菜品平添了清爽香甜的果香。菠萝鸡丁是粤菜当中的一道传统菜式，甜美的菠萝搭配嫩滑的鸡肉，鲜香酸甜，营养开胃。浓稠的酸甜汁包裹着南方特产的新鲜菠萝，别有一番南国风味。

材料		调料	
鸡胸肉	300 克	番茄汁	适量
菠萝肉	200 克	白糖	2 克
青椒	20 克	盐	3 克
红椒	20 克	水淀粉	适量
蒜末	5 克	味精	1 克
葱白段	5 克	食用油	适量

❶ 将洗净的青椒切成小片。

❷ 将洗净的红椒切成小片。

❸ 将洗净的菠萝肉切大片，再改切成小丁。

❹ 将处理干净的鸡胸肉切成丁。

❺ 在鸡丁中加盐、水淀粉、味精、油，腌渍约 10 分钟。

做法演示

❶ 热锅注油，烧至四成热。

❷ 倒入鸡丁滑油片刻捞出。

❸ 锅底留油，加入蒜末、葱白段。

❹ 倒入切好的青椒、红椒。

❺ 放入切好的菠萝炒匀，注入少许水煮沸。

❻ 加番茄汁、白糖和少许盐调味。

❼ 倒入鸡丁，用水淀粉勾芡，淋入熟油拌匀盛出。

❽ 装好盘即可。

食物相宜

补五脏、益气血

鸡胸肉

＋

枸杞子

增强食欲

鸡胸肉

＋

柠檬

排毒养颜

鸡胸肉

＋

冬瓜

可乐鸡翅

🕐 8分钟　　✖ 益气补血
🍲 鲜　　　　☺ 女性

　　最初几乎没有人会想到可乐也可以在烹饪调味时大显身手，直到可乐鸡翅这道菜的横空出世。碳酸饮料中的碳水化合物和柠檬酸会让鸡肉更显鲜嫩，其甜润的口感与特有香气也会让这道菜好评爆表。做起来却非常简单，是在家中招待宾客的聪明之选。

材料	
鸡翅	300 克
姜片	5 克
葱段	5 克

调料	
生抽	8 毫升
白糖	1 克
料酒	7 毫升
可乐	200 毫升
老抽	2 毫升
食用油	适量

食材处理

① 将鸡翅装入碗中，加生抽、白糖、料酒。

② 倒入葱段、姜片拌匀，腌渍约 15 分钟入味。

③ 热锅注油，烧至五成热，放入鸡翅。

④ 搅拌翻动，炸约 2 分钟。

⑤ 鸡翅表皮呈金黄色即捞出。

做法演示

① 锅底留油，倒入姜片、葱段爆香。

② 倒入鸡翅，加料酒炒香。

③ 倒入 200 毫升可乐拌匀。

④ 改用小火，加盖焖 5 分钟。

⑤ 揭盖，改用大火，加老抽，翻炒几下至汤汁收干。

⑥ 将炒好的鸡翅放入盘中即可。

制作指导

☺ 可乐不要放太多，以免掩盖鸡翅的鲜嫩。

☺ 喜欢吃辣的朋友，在倒入可乐时可以加几个干辣椒。

☺ 鸡翅处理干净后，可先稍煮一下，把血水除去。

养生常识

★ 本道菜尤其适合老年人和儿童食用。患有热毒疖肿、高血压、高脂血症、胆囊炎、胆石症的患者忌食。

食物相宜

降火

姜

＋

鸭肉

有利于肠胃

姜

＋

藕

补脾、养血、安神、解郁

姜

＋

红茶

青椒爆鸭

🕐 2分钟   ✖ 降压降糖

⚖ 清淡   ☺ 糖尿病患者

　　桃红柳绿、春江水暖的时节，气候多干燥，人也容易上火，正是吃鸭肉的好时候。鸭肉不温不热，可清热祛火，其胆固醇含量相对较低，非常适合爱吃肉的人解解馋、打打牙祭。这道家常的尖椒爆鸭，咸鲜微甜，口感丰富，若以少许白酒腌渍，则滋味更显香浓。

材料		调料	
熟鸭肉	200 克	盐	3 克
青椒	100 克	味精	1 克
干辣椒	3 克	白糖	2 克
蒜末	5 克	料酒	5 毫升
姜片	5 克	老抽	3 毫升
葱段	5 克	水淀粉	适量
		生抽	5 毫升
		食用油	适量
		豆瓣酱	10 克

食材处理

❶ 先将鸭肉斩成块，洗净的青椒去籽，切成片。

❷ 锅中注油，烧至五成热，倒入鸭块。

❸ 小火炸约 2 分钟至表皮呈金黄色，捞出备用。

做法演示

❶ 锅留底油，倒入蒜末、姜片、葱段、干辣椒煸香。

❷ 倒入炸好的鸭块翻炒片刻。

❸ 加豆瓣酱炒匀。

❹ 淋入料酒、老抽、生抽拌炒匀。

❺ 倒入少许清水，煮沸后加盐、味精、白糖炒匀。

❻ 倒入青椒片，拌炒至熟。

❼ 加入少许水淀粉，快速拌炒均匀。

❽ 撒入剩余的葱段炒匀。

❾ 盛入盘内即成。

食物相宜

滋阴润肺

鸭肉

白菜

清热解毒

鸭肉

金银花

制作指导

✪ 烹制鸭汤时加入少量盐，肉汤会更鲜美。

养生常识

★ 鸭肉可滋养肺胃，健脾利水。主治肺胃阴虚、干咳少痰、口干口渴、消瘦乏力等病症。但鸭肉性凉，脾胃阴虚、经常腹泻者忌用。

豌豆乳鸽

🕐 2分钟   ✖ 增强免疫力

⬛ 清淡   ☺ 一般人群

　　食客们在谈及飞禽野味时，提及最多的便是鸽子，即便是在王室贵族、富贵人家的餐桌上，以鸽为食也早已司空见惯。乳鸽即鸽子的雏鸟，其肉厚而细嫩，味道鲜美，营养丰富，这道豌豆乳鸽口味清淡，肉香、豌豆香相得益彰，非常适合女士补养食用。

材料		调料	
鸽肉	100克	盐	3克
豌豆	150克	味精	1克
姜片	5克	料酒	5毫升
蒜末	5克	生抽	3毫升
青椒片	20克	淀粉	适量
红椒片	20克	白糖	2克
葱白段	5克	水淀粉	适量
		食用油	适量

① 将洗净的鸽肉斩块，装入碗中。

② 加盐、味精、料酒、生抽、淀粉拌匀腌渍。

③ 热锅注水烧开，加盐、食用油煮沸。

④ 倒入洗好的豌豆，焯熟后捞出备用。

⑤ 热锅注油，烧至五六成热，倒入乳鸽。

⑥ 炸熟后捞出。

做法演示

① 锅留底油，入姜片、蒜末、青椒片、红椒片、葱白段煸香。

② 放入乳鸽。

③ 加入少许料酒翻炒出香气。

④ 倒入豌豆。

⑤ 加少许清水煮沸，加入盐、味精、白糖调味。

⑥ 加入少许水淀粉勾芡。

⑦ 拌炒均匀。

⑧ 起锅，盛入盘中即可食用。

养生常识

★ 豌豆适合与富含氨基酸的食物一起烹调，可以明显提高豌豆的营养价值。

食物相宜

增进食欲

豌豆

＋

蘑菇

提高营养价值

豌豆

＋

虾仁

健脾、通乳、利水

豌豆

＋

红糖

干烧鲫鱼

⏰ 3分钟　　❌ 开胃消食
⏲ 鲜　　　　☺ 孕产妇

　　鲫鱼是中国人餐桌上的常见鱼种，肉质细嫩，其中尤以 2 至 4 月份、8 至 12 月份时最为肥美。运用干烧的烹饪方法不仅可以让菜色显得好看，收汁后也可以让味道更加醇厚鲜香。这道菜更注重对鲜味的提升和香气的释放，入口久有余香。

材料		调料	
鲫鱼	1条	盐	3克
红椒片	20克	味精	1克
姜丝	5克	蚝油	3毫升
葱段	5克	老抽	5毫升
		料酒	5毫升
		淀粉	适量
		葱油	适量
		辣椒油	适量
		食用油	适量

❶ 鲫鱼宰杀洗净，剖花刀，加料酒、盐、淀粉拌匀。

❷ 热锅注油，烧至六成热，放入鲫鱼。

❸ 炸约 2 分钟至鱼身呈金黄色时将其捞出。

做法演示

❶ 锅留底油，放入姜丝、葱白段煸香。

❷ 放入鲫鱼，淋入料酒，倒入清水，焖烧 1 分钟。

❸ 加盐、味精、蚝油、老抽调味。

❹ 倒入红椒片拌匀。

❺ 淋入少许葱油、辣椒油拌匀。

❻ 汁收干后出锅，撒入葱叶段即可。

制作指导

❂ 鲫鱼不能与麦冬、沙参同用，不能与芥菜同食。

❂ 制作此菜时，最好选择无腥臭味、鳞片完整的鲫鱼，不仅会使口味更好，还会更有利于人体健康。

❂ 若鲫鱼买回来不食用，最好先用少许盐抹匀鱼身，再用保鲜膜包好，放入冰箱冷藏。或者将鲫鱼放入油锅中煎熟后放入冰箱冷藏，不过味道会大打折扣。

润肤抗老

鲫鱼

＋

黑木耳

利尿美容

鲫鱼

＋

蘑菇

红烧鲶鱼

🕐 3分钟　　✗ 益气补血

🌶 辣　　😊 老年人

　　古人临渊羡鱼，皆知鱼是世上至鲜的美味之一，但肉少刺多也常常让人退避三舍。鲶鱼则是上天赐予的美味，过油后的香味能飘出一条街，如果还能在锅里放点冬笋、香菇、干辣椒，那外焦里嫩的口感，那微辣鲜香的滋味，相信大多数人都会吃到停不下来。

材料		调料	
鲶鱼	150克	盐	5克
冬笋	50克	白糖	2克
干辣椒	3克	味精	1克
姜片	5克	水淀粉	10毫升
葱白段	5克	蚝油	3毫升
葱叶段	5克	料酒	5毫升
香菇丝	20克	淀粉	适量
		老抽	3毫升
		葱油	适量
		食用油	适量

食材处理

① 把宰杀处理干净的鲶鱼切小块。

② 冬笋去皮洗净，切成丝。

③ 将鲶鱼放入碗中，加入盐、白糖、料酒。

④ 撒上淀粉拌匀，腌渍片刻。

⑤ 待油锅烧至六成热，倒入鲶鱼，炸至金黄色。

⑥ 捞出沥油，盛入盘中备用。

做法演示

① 锅底留油，烧热，倒入姜片、葱白段爆香。

② 在锅中放入炸好的鲶鱼。

③ 倒入冬笋、干辣椒、香菇丝。

④ 淋入少许料酒，再注入少许清水，拌匀煮沸。

⑤ 加入适量盐、味精、蚝油、老抽调味。

⑥ 翻炒至入味。

⑦ 用水淀粉勾芡。

⑧ 淋入少许葱油，撒入葱叶段，翻炒均匀。

⑨ 盛入盘中即可。

养生常识

★ 鲶鱼体内汞含量比其他鱼高，儿童不宜食用。

★ 体虚虚损、营养不良、乳汁不足、小便不利、水肿者宜食鲶鱼。

食物相宜

提高营养吸收率

鲶鱼

豆腐

减肥

鲶鱼

菠菜

营养丰富

鲶鱼

茄子

香煎带鱼

🕐 3分钟 ✖ 提神健脑
🧂 鲜 ☺ 一般人群

　　带鱼是我国四大海产鱼种之一，市场上也最为常见，属于深海鱼类，无法人工养殖，受污染的概率也较小，是崇尚健康饮食的上佳之选。这道香煎带鱼的做法非常简单、方便，滋味咸鲜、肥美，香气诱人，松软、厚实的大片鱼肉不知又会"消耗"掉多少米饭。

材料

带鱼	200克
生姜	10克
葱段	4克
香菜	适量
葱花	3克

调料

盐	3克
味精	1克
白糖	1克
鸡精	2克
生抽	5毫升
料酒	5毫升
食用油	适量

食材处理

❶ 将带鱼宰杀处理干净，切段。

❷ 生姜去皮洗净，切片，香菜洗净，切段。

❸ 带鱼加料酒、葱段、姜、盐、味精、白糖、鸡精拌匀腌渍。

做法演示

❶ 热锅注油，放入带鱼，用中火煎制片刻。

❷ 用锅铲翻面。

❸ 用小火再煎约 2 分钟至焦黄且熟透。

❹ 淋入少许生抽提鲜。

❺ 出锅装盘，撒上葱花、香菜摆盘即成。

制作指导

✪ 选购带鱼时以体宽厚、眼亮、体洁白有亮点带银粉色薄膜者为优。

✪ 将带鱼放入 80℃左右的水中烫 10 秒钟后，立即浸入冷水中，然后再用刷子刷或者用布擦洗一下，鱼鳞就会很容易去掉。

✪ 带鱼不能用牛油、羊油煎炸。

✪ 煎带鱼油温要稍高，太低的话煎出来的带鱼软软的，不仅不香而且看起来也不美观。

食物相宜

保护肝脏

带鱼

苦瓜

促进消化

带鱼

香菇

养生常识

★ 带鱼适合病后体虚、血虚头晕、产后乳汁不足、气短乏力、食少赢瘦、营养不良之人食用。

家常鳝鱼段

🕐 3分钟　　✂ 增强免疫力

🧂 鲜　　　　☺ 一般人群

　　夏秋之际，捕鳝人趁着夜色在水边洞穴间诱捕一种让食客们趋之若鹜的至美食材。这种喜欢在夜间觅食的野生鳝鱼，肉质细嫩、肥美，营养丰富，是滋补身体的极品。人们将其切丝、过油，大火翻炒辅以多种调味，皮酥肉嫩，鲜香扑鼻，瞬间让你的味蕾变得蠢蠢欲动起来。

材料

鳝鱼	300克
青椒丝	15克
红椒丝	15克
姜丝	5克
葱白	5克
蒜末	5克

调料

盐	3克
味精	1克
白糖	2克
料酒	5毫升
淀粉	适量
食用油	适量
豆瓣酱	30克

❶ 锅中倒入适量清水烧开。

❷ 放入杀好洗净的鳝鱼肉，氽煮至断生后捞出。

❸ 用清水洗净鳝鱼肉。

❹ 鳝鱼肉切丝；装入碗中备用。

❺ 姜丝、葱丝加入料酒，挤出汁。

❻ 把葱姜酒汁淋入鳝鱼丝中，撒上淀粉拌匀腌渍。

做法演示

❶ 油锅烧至六成热时，倒入鳝鱼丝。

❷ 炸约 1 分钟，炸至鳝鱼呈金黄色即可捞出。

❸ 起油锅，倒入葱白、姜丝、蒜末、豆瓣酱爆香。

❹ 放入红椒丝、青椒丝翻炒匀。

❺ 倒入炸好的鳝鱼丝。

❻ 淋入少许料酒提鲜。

❼ 加盐、味精、白糖调味。

❽ 翻炒均匀，转大火收汁。

❾ 出锅即可。

食物相宜

补中益气

鳝鱼

＋

金针菇

美容养颜

鳝鱼

＋

松子

虾仁炒玉米

⏱ 4分钟　　✖ 增强免疫力
🔲 甜　　　　☺ 一般人群

　　很多人下班后几乎没有时间和精力给自己做一顿可口的晚饭，这道虾仁炒玉米绝对能在关键时刻挽救你的胃。它取材容易，常见的速冻食材即可。急火快炒最大限度地保留了虾仁鲜嫩、脆爽的口感，玉米、胡萝卜也能有助于补充维生素，鲜甜的滋味即刻拥有。

材料		调料	
虾仁	150 克	盐	2 克
玉米粒	250 克	味精	1 克
胡萝卜	20 克	料酒	5 毫升
葱花	5 克	水淀粉	适量
		白糖	2 克
		食用油	适量

① 虾仁洗净，背部切开，切成丁。

② 将胡萝卜洗净，切成丁。

③ 虾肉加盐、白糖、味精、料酒、水淀粉拌匀腌渍。

做法演示

① 用油起锅。

② 倒入虾肉丁翻炒片刻。

③ 加入玉米粒、胡萝卜拌炒。

④ 拌炒约2分钟至熟。

⑤ 加盐、白糖调味，用水淀粉勾薄芡，撒入葱花。

⑥ 出锅装盘即成。

制作指导

✿ 虾仁要急火快炒，炒制太久会影响虾仁鲜嫩的口感。

✿ 炒制时加入少许芝麻油，可以使菜肴更加鲜香。

✿ 要选用新鲜、有弹性、有光泽的虾仁。

✿ 要选用颗粒饱满、鲜嫩的玉米。玉米过老的话，吃起来口感不好。

✿ 切虾仁时，要挑去背部的虾线。

食物相宜

补肾壮阳

虾

枸杞

滋补阳气

虾

韭菜

花蟹炒年糕

⏱ 3分钟　　✂ 增强免疫力
🔺 鲜　　　😊 一般人群

　　蟹有"四味"，蟹螯如干贝，蟹爪如银鱼，蟹肉胜似白鱼，蟹黄、蟹膏妙不可言。坊间选蟹有"九雌十雄"一说，即农历九月雌蟹肥美，农历十月雄蟹肉厚，故金秋食蟹也就成了吃货们的头等大事。大个儿的花蟹与年糕同炒，鲜香浓郁，让人恨不得将蟹壳也嚼出汁液来。

材料		调料	
花蟹	2只	盐	2克
年糕	150克	鸡精	1克
姜末	5克	料酒	5毫升
生姜片	5克	淀粉	适量
蒜末	5克	高汤	适量
葱花	5克	水淀粉	适量
		食用油	适量

食材处理

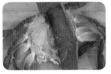

❶ 花蟹洗净，将蟹壳取下，去除鳃、内脏，斩块。

❷ 把蟹脚拍破；年糕切块。

❸ 蟹块装入盘内，撒上适量淀粉。

做法演示

❶ 油锅烧至六七成热，倒入蟹壳，炸至鲜红色捞出。

❷ 在油锅中放入生姜片，倒入蟹块，炸熟后捞出。

❸ 锅注油烧至四五成热，倒入年糕，滑油片刻后捞出。

❹ 锅留底油，倒入姜末、蒜末爆香。

❺ 倒入蟹块，放入少许高汤，加适量鸡精、盐调味。

❻ 倒入年糕略炒，加少许料酒拌炒均匀。

❼ 年糕炒熟，加少许水淀粉勾芡。

❽ 撒入葱花炒匀。

❾ 出锅摆盘即可。

制作指导

✪ 吃螃蟹要蘸由醋、姜、黄酒等调制成的佐料。这佐料既可促进胃液分泌，有利于消化，增进食欲，又可去寒杀菌，故而不可或缺。

食物相宜

养精益气

花蟹

＋

冬瓜

治水肿、催乳

花蟹

＋

糯米

第2章

··

辣道无忌

对于一些人来说，辣是一种嘴巴将要燃烧起来的快感，让人亢奋，让人食欲大开；对于另一些人来说，辣却是一种充满不确定性的"挑战"，它能将俗味推向巅峰，也能将美味推向地狱。人们对如何驾驭辣味绞尽脑汁，但辣味却笑看一切，从不妥协。

香辣白菜

🕐 3分钟　　🍴 排毒瘦身

🌶 辣　　😊 女性

　　秋末冬初，北方人家早早就储备齐了过冬的大白菜，俗话说"百菜不如白菜"，营养丰富、物美价廉的大白菜深受人们的喜爱。这道家常的香辣白菜，仅需半棵白菜、几个干辣椒，简单调味即可，看起来赏心悦目，吃起来香辣脆爽。原来吃得痛快竟然如此简单。

材料

大白菜	450 克
干辣椒	20 克
大蒜	15 克

调料

盐	2 克
鸡精	1 克
料酒	5 毫升
食用油	适量

食材处理

❶ 将洗好的大白菜菜梗和菜叶切成小片。

❷ 大蒜拍破，切成末。

做法演示

❶ 在锅中注油，油热后放入蒜末、干辣椒煸香。

❷ 往锅中放入大白菜梗。

❸ 翻炒片刻至白菜梗变软。

❹ 放入大白菜叶翻炒匀。

❺ 加入盐、鸡精炒匀，倒入料酒拌炒至大白菜熟透。

❻ 将炒好的大白菜盛入盘中即成。

制作指导

❂ 大白菜和豆腐是最好的搭档，豆腐含有丰富的蛋白质和脂肪，与白菜相佐，相得益彰。

❂ 大白菜和肉类搭配，既可增加肉的美味，又能使肉类消化后的废弃物在白菜高纤维的帮助下顺利排出体外。

❂ 炒白菜前，可先用开水焯一下，因为白菜中含有破坏维生素 C 的氧化酶，这些酶在 60℃~90℃范围内会使维生素 C 受到严重破坏。沸水下锅，使氧化酶无法起作用，维生素 C 便得以保存。

食物相宜

补充营养，通便

白菜

猪肉

改善妊娠水肿

白菜

鲤鱼

酸辣小南瓜丝

⏱ 2分钟　　✖ 降压降糖
🔺 酸辣　　　☺ 老年人

　　小南瓜翠绿色的表皮上布满淡黄色斑纹，在逐渐成熟后才会变成大家所熟悉的金黄色大南瓜。与大南瓜甘甜软糯的品质不同，小南瓜鲜美多汁，口感更加爽脆，故此也多用来炒菜。将小南瓜丝与红椒一起用大火快炒，酸辣鲜香，佐酒或者下饭都是不错的选择。

材料		调料	
小南瓜	300克	盐	2克
红椒	30克	味精	1克
蒜末	5克	豆瓣酱	适量
姜丝	5克	白醋	3毫升
		食用油	适量

❶ 红椒洗净切段后去籽，再切成丝。

❷ 洗净的小南瓜蒂，切片后切丝。

做法演示

❶ 用油起锅，然后放入姜丝、蒜末爆香。

❷ 倒入小南瓜丝。

❸ 放入红椒丝。

❹ 加盐、味精、白醋和豆瓣酱。

❺ 翻炒入味，再淋入热油炒匀。

❻ 盛入盘中即成。

制作指导

❂ 小南瓜切成丝后，用水把小南瓜丝表面的淀粉洗去，放入清水中浸泡，这样小南瓜丝入锅后不容易粘锅，且口感较爽脆。

❂ 小南瓜丝入锅后，马上加醋翻炒，也可以起到防止粘锅的作用。

❂ 小南瓜下锅后应急火快炒。如果小南瓜在锅中停留时间过长，容易粘锅，且失去爽脆的口感。

食物相宜

预防糖尿病

小南瓜

猪肉

提神补气

小南瓜

山药

酸辣土豆丝

🕐 3分钟　　✖ 瘦身排毒

🔔 酸辣　　😊 女性

　　如果你想在众人面前炫一下自己精湛的刀工，那么这道酸辣土豆丝就是绝佳的选择。粗细均匀的土豆丝不仅看起来美观，热炒熟制的程度与口感也会更趋于一致。酸辣的滋味、爽脆的口感都会为这道菜加分不少，分分钟助你成为大家艳羡的"新厨神"！

材料		调料	
土豆	200克	盐	3克
红椒	20克	白糖	1克
葱	5克	鸡精	1克
		白醋	5毫升
		香油	适量
		食用油	适量

❶ 土豆洗净切丝，盛入碗中加清水浸泡一下。

❷ 红椒洗净切丝。

❸ 葱洗净切段。

做法演示

❶ 热锅注油，倒入土豆丝、葱白翻炒片刻。

❷ 加入适量盐、白糖、鸡精调味。

❸ 炒约 1 分钟后，倒入适量白醋拌炒均匀。

❹ 倒入红椒丝、葱叶拌炒匀。

❺ 淋入少许香油。

❻ 起锅装盘即成。

制作指导

✿ 这道菜可以加花椒。花椒先入锅，爆香后捞出不要，再放入土豆丝翻炒，会令这道菜味道更香。

✿ 锅内放入土豆丝后，要开大火快速翻炒，急火快炒，这道菜才味美。

✿ 如果喜欢爽脆的口感，一般土豆断生后（如八成熟）就可以出锅，装盘后菜的余温会继续使土豆丝熟化；如果喜欢绵软的口感，可以适当延长炒的时间，炒至全熟。

食物相宜

调理肠胃

土豆

豆角

健脾开胃

土豆

辣椒

辣炒包菜

🕐 4分钟　　✖ 开胃消食

⚖ 辣　　😊 一般人群

这是一盘会带给你美妙牙齿感受的菜式，当牙齿咬断青的、红的、白的各种嫩丝，脆爽的口感与鲜辣的味觉如潮水涌至，让人食欲大开。包菜是一种源自地中海地区的古老蔬菜品种，口感清脆，营养丰富，是春夏秋季上市的主要蔬菜之一。

材料

包菜	300克
青椒	15克
红椒	15克
干辣椒	3克
蒜末	5克

调料

豆瓣酱	适量
盐	2克
味精	1克
水淀粉	适量
食用油	适量

食材处理

❶ 将洗净的包菜切成丝。

❷ 将洗净的青椒切细丝。

❸ 将洗净的红椒切成丝。

做法演示

❶ 用油起锅，先放入蒜末。

❷ 放入干辣椒。

❸ 放入青椒丝、红椒丝炒香。

❹ 倒入包菜丝。

❺ 放入豆瓣酱。

❻ 加盐、味精翻炒至熟并入味。

❼ 加水淀粉勾芡。

❽ 最后淋入熟油盛出即成。

制作指导

✪ 若将包菜、青椒、红椒焯水，需要掌握好火候，否则不脆。

✪ 选购包菜，以清洁、无杂质、外观形状完好、茎基部削平、叶片附着牢固者为佳。

养生常识

★ 包菜含有丰富的叶酸，孕妇及生长发育期的儿童应该多吃。

★ 包菜粗纤维多，脾胃虚寒、泄泻以及小儿脾弱者不宜多食。

食物相宜

益气生津

包菜

＋

西红柿

健脾养胃

包菜

黑木耳

补充营养，通便

包菜

猪肉

干煸四季豆

⏰ 3分钟　　✖ 开胃消食
🗄 辣　　😊 一般人群

　　清淡的菜品固然能让人拥有一份难得的"静世安好"，但那份香辣重口仍是吃货们念念不忘的诱惑。干煸四季豆是川菜系的传统特色菜，它借助大火煸炒来煸干食材的水分，使菜肴变得鲜亮酥脆，并由此产生浓烈的香气，口感滑嫩，干香辣爽，是用来下饭的极品。

材料		调料	
四季豆	300克	盐	3克
干辣椒	3克	味精	3克
蒜末	5克	生抽	3毫升
葱白段	5克	豆瓣酱	适量
		料酒	5毫升
		食用油	适量

食材处理

❶ 四季豆洗净，切段。

❷ 热锅注油，烧至四成热，倒入四季豆。

❸ 滑油片刻捞出。

做法演示

❶ 锅底留油，倒入蒜末、葱白段。

❷ 放入干辣椒爆香。

❸ 倒入滑油后的四季豆。

❹ 加盐、味精、生抽、豆瓣酱、料酒。

❺ 翻炒约2分钟至入味。

❻ 盛出装盘即可。

制作指导

❂ 为防止中毒，四季豆食前可用沸水焯透或热油煸，直到变色熟透方可食用。

❂ 鲜四季豆不宜保存太久，建议现买现食。晒干或经腌渍后保存时间可延长。

❂ 选购四季豆时，应挑选豆荚饱满、肥硕多汁、折断无老筋、色泽嫩绿、表皮光洁无虫痕者。

❂ 四季豆不仅可以单独清炒，还可以和肉类同炖，亦或是焯熟凉拌。

养生常识

★ 夏天多吃一些四季豆有消暑、清口的作用。

★ 四季豆适宜癌症患者、食欲不振者食用。

★ 易腹胀者不宜食用四季豆。

★ 四季豆中叶酸、维生素 B_6 的含量高于同类食物平均值。

食物相宜

保护眼睛、防癌、抗老化

四季豆

香菇

帮助血液正常凝固，促进骨骼成长

四季豆

花椒

豆豉蒜末莴笋片

- ⏱ 3分钟
- 🌡 辣
- ✂ 降压降糖
- 😊 老年人

　　吃，不仅要吃得有滋有味，吃得酣畅淋漓，更要吃得"早"，吃货们管这叫"尝鲜儿"。蛰伏了整个冬天的胃口，终于可以在春天用最新鲜的食材来满足，将新上市的莴笋、红椒、青蒜炒成一盘，伴着淡淡的豉香、蒜香，清鲜脆嫩。尝一口春天的滋味，也是一种口福。

材料		调料	
莴笋	200克	盐	2克
红椒	40克	味精	1克
蒜末	15克	水淀粉	适量
豆豉	30克	食用油	适量

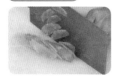

❶ 将已去皮洗净的莴笋切成片。

❷ 锅中注水烧开，加入盐、油拌匀，放入莴笋。

❸ 煮沸后，捞出莴笋。

做法演示

❶ 锅注油烧热，倒入蒜末、豆豉，爆香。

❷ 锅里倒入莴笋片拌炒。

❸ 倒入红椒，加入盐、味精，炒匀。

❹ 加入少许水淀粉勾芡。

❺ 淋入少许熟油拌匀。

❻ 盛入盘内即可。

制作指导

❀ 挑选莴笋时应注意选择叶茎鲜嫩的，剥叶后笋白占笋身 3/4 以上，直径 5 厘米以上，老根少，没有烂伤的莴笋。

❀ 莴笋除了茎部可食用外，其嫩叶也可以食用。鲜嫩的莴笋适宜凉拌，较老的适于熟食和腌渍，口感爽脆。

❀ 莴笋中含有大量无机盐和水溶性维生素，草酸极少。如果用开水焯，会损失很多营养，所以莴笋只要洗净、去皮、切丝就可以凉拌。

养生常识

★ 莴笋能够改善消化功能和便秘，有利于促进乳汁分泌，可作为水肿、高血压、心脏病患者的食疗蔬菜。

食物相宜

利尿通便
降脂降压

莴笋

＋

香菇

防治高血压、
高脂血症、糖尿病

莴笋

＋

黑木耳

补虚强身
润肌泽肤

莴笋

＋

猪肉

剁椒蒸芋头

🕐 22分钟　　✂ 增强免疫力
🔺 辣　　　　☺ 一般人群

　　那些走南闯北、吃遍大街小巷的人，常常将芋头看作是赛过山珍海味的存在。这道剁椒蒸芋头属于湘菜，它用清蒸的方式保留了食材的原汁、原味、原香，芋头口感细腻、软滑，绵甜香糯，就着鲜辣的剁椒汁，滋味咸鲜又有一点点的回甜，享受那一份入口即化的快感吧！

材料

芋头	300克
剁椒	50克
葱花	5克

调料

白糖	5克
鸡精	3克
淀粉	适量
食用油	适量

食材处理

❶ 把去皮洗净的芋头对半切开，装入盘中备用。

❷ 剁椒加白糖、鸡精、淀粉、食用油拌匀。

❸ 将调好味道的剁椒浇在芋头上。

做法演示

❶ 蒸锅置大火上，放入芋头。

❷ 加盖，用中火蒸20分钟。

❸ 揭盖，将蒸熟的芋头取出。

❹ 撒上葱花。

❺ 浇上熟油即可食用。

制作指导

✪ 芋头的黏液容易引起皮肤过敏，瘙痒或红肿，因此处理芋头时应戴上手套。

✪ 芋头不宜生食。食用未煮熟的芋头，其黏液会刺激咽喉，导致不适，所以要将芋头煮熟煮透，以筷子可插入为熟的标准。

✪ 剁椒咸鲜味重，但辣味不足，在菜中可以加入指天椒和青红椒同蒸，可加重鲜辣之味。

养生常识

★ 芋头含有糖类、膳食纤维、B 族维生素、钾、钙、锌等营养成分，其中以膳食纤维和钾含量最多。

★ 中医认为，芋头有开胃生津、消炎镇痛、补气益肾的作用，可辅助治胃痛、痢疾、慢性肾炎等。

食物相宜

补血养颜

芋头

红枣

补气，增食欲

芋头

芹菜

剁椒蒸茄子

⏱ 7分钟　　❌ 防癌抗癌

🔥 辣　　😊 肠胃病患者

　　湘菜以擅用剁椒而闻名天下，讲究的是咸、鲜、辣合而为一。这道剁椒蒸茄子选用最平凡的家常食材，却能烹调出让人惊艳的食味。蒸熟的茄条虽看似泛生，却熟嫩而饱含酱汁，上桌前最后淋入的生抽让这道菜滋味更为鲜美，趁热吃则鲜辣十足。

材料		调料	
茄子	200克	生抽	5毫升
剁椒	50克	淀粉	适量
蒜末	5克	食用油	少许
葱花	5克		

食材处理

❶ 将洗好的茄子切成条状，摆入盘中。

❷ 剁椒加蒜末混合拌均匀。

❸ 放入淀粉搅拌均匀。

❹ 加入少许食用油拌匀。

❺ 将调好的剁椒撒在茄子上。

做法演示

❶ 将剁椒茄子放入蒸锅内。

❷ 加盖，大火蒸 5 分钟至熟。

❸ 揭开锅盖，取出蒸熟的茄子。

❹ 在锅中加少许油烧热，将热油浇在茄子上。

❺ 淋入适量的生抽。

❻ 撒上葱花即成。

食物相宜

通气顺肠

茄子

＋

黄豆

预防心血管疾病

茄子

＋

羊肉

制作指导

❂ 茄子皮里含有 B 族维生素，B 族维生素和维生素 C 是好搭档，维生素 C 的代谢过程中是需要 B 族维生素支持的，所以，建议吃茄子时不要去皮。

养生常识

★ 茄子含有龙葵碱，能抑制消化系统肿瘤的增殖，对于防治胃癌有一定效果。此外，茄子还有清退癌热的作用。

剁椒蒸香干

🕐 6分钟   ✂ 开胃消食
🌶 辣   😊 老年人

这是一道极具代表性的湘味美食，主料剁椒与香干都是湖南人引以为傲的地方特色食材。蒸从技术上最大限度地保留了食材的原味鲜香，也能避免不少油烟气，让烹饪变得格外轻松。柔韧细嫩的香干配以剁椒，鲜香味浓，让人越嚼越香，美味至极。

材料		调料	
香干	350克	鸡精	3克
剁椒	70克	白糖	3克
葱花	少许	芝麻油	2毫升
		淀粉	适量
		食用油	适量

食材处理

① 将洗净的香干斜刀切片,装入盘中备用。

② 剁椒加鸡精、白糖。

③ 加入淀粉、芝麻油拌匀。

④ 加入少许食用油。

⑤ 用筷子拌匀。

⑥ 将拌好的剁椒铺在香干上。

做法演示

① 把剁椒香干放入蒸锅中。

② 盖上锅盖,大火蒸大约5分钟至熟透。

③ 揭盖,将蒸熟的香干取出。

④ 撒上事先备好的葱花。

⑤ 浇上少许熟油即可。

制作指导

✪ 在制作剁椒、切红椒时,应该戴上橡胶手套,不然会被辣到。如果不小心辣到,可以涂抹一些醋来解辣。

养生常识

★ 葱味辛,性微温,含有蛋白质、糖类、胡萝卜素等,具有活血通阳、发汗解表、解毒的作用。可用于风寒感冒、阴寒腹痛、恶寒发热、头痛鼻塞、二便不利等病症。

★ 葱还含有微量元素硒,可降低胃液内的亚硝酸盐含量,对预防胃癌及多种癌症有一定作用。

食物相宜

壮阳

豆腐干

韭菜

治心血管疾病

豆腐干

韭黄

增强免疫力

豆腐干

金针菇

青椒炒豆豉

🕐 3分钟　　🍴 开胃消食
⚖ 清淡　　😊 一般人群

　　青椒、红椒所具有的辣味不仅可以带给人简单的感官刺激，更能激发人吃的欲望。这道菜滋味咸香，香辣诱人，大火快炒让青椒、红椒的香气充分释放，口感脆嫩，趁热吃开胃又下饭，筷子频繁起落间就能让米饭如风卷残云般消失。

材料		调料	
青椒	70克	盐	3克
红椒	15克	味精	3克
豆豉	10克	白糖	3克
蒜末	5克	豆瓣酱	适量
		水淀粉	适量
		食用油	适量

食材处理

❶ 青椒去蒂，洗净，切圈。

❷ 红椒洗净，切圈。

做法演示

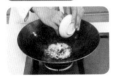
❶ 用油起锅，倒入蒜末、豆豉将其爆香。

❷ 倒入青椒、红椒炒匀，加盐、味精、白糖。

❸ 加入适量豆瓣酱调味。

❹ 加水淀粉勾芡。

❺ 加少许热油炒均匀。

❻ 盛出装盘即可食用。

制作指导

✿ 新鲜的青椒在轻压下虽然会变形，但抬起手指后，能很快弹回；不新鲜的青椒常是皱缩或疲软的，颜色晦暗。

✿ 喷洒过的农药常积聚在青椒凹陷的果蒂上，因此清洗青椒时应先去蒂再清洗。

✿ 烹制青椒时，要注意掌握火候，应采取猛火快炒法，加热时间不要太长，以免维生素 C 损失过多。

养生常识

★ 红椒味辛，性热，含蛋白质、钙、磷，丰富的维生素 C、胡萝卜素及辣椒红素，能温中健胃、散寒燥湿、发汗。

食物相宜

美容养颜

青椒

+

苦瓜

降低血压，消炎止痛

青椒

+

空心菜

有利于维生素的吸收

青椒

+

鸡蛋

麻婆豆腐

🕐 4分钟		✖ 开胃消食	
🔥 辣		🙂 一般人群	

　　尝地道川味，非花椒、辣椒、郫县豆瓣不食；尝正宗川菜，一定不能错过麻婆豆腐。这道历史悠久的名菜在中国几近妇孺皆知，选用嫩滑的南豆腐，成菜装盘以不碎为上；麻辣烫口，肉末酥软，花椒香气沁人心脾，对味蕾具有强烈的攻击性，是对川菜、亦是对蜀地民间食味的完美诠释。

材料

嫩豆腐	500 克
牛肉末	70 克
蒜末	5 克
葱花	5 克

调料

豆瓣酱	35 克
盐	3 克
鸡精	1 克
味精	2 克
辣椒油	适量
花椒油	适量
蚝油	适量
老抽	5 毫升
水淀粉	适量
食用油	35 毫升

❶ 先将豆腐洗净切成
小块。

❷ 锅中注入 1500 毫
升清水烧开，加入盐。

❸ 倒入豆腐煮约 1 分
钟至入味，用漏勺捞
出备用。

做法演示

❶ 锅置大火上，注油
烧热，倒入蒜末炒香。

❷ 倒入牛肉末后翻炒
约 1 分钟至变色。

❸ 加入豆瓣酱炒香。

❹ 注入 200 毫升的
清水。

❺ 加入蚝油、老抽
拌匀。

❻ 加入盐、鸡精、味
精炒至入味。

❼ 倒入豆腐。

❽ 加入辣椒油、花
椒油。

❾ 轻轻翻动豆腐，改
用小火煮约 2 分钟至
入味。

❿ 加入少许水淀粉
勾芡。

⓫ 撒入部分葱花炒
均匀。

⓬ 盛入盘内，再撒入
余下少许葱花即可。

食物相宜

健脾养胃

豆腐

西红柿

益智强身

豆腐

金针菇

红烧油豆腐

🕐 4 分钟	✗ 开胃消食
🌡 辣	☺ 一般人群

　　人们将豆腐切成小块过油炸制，色泽金黄，外酥里嫩，绵软味香，可蒸、可炒、可炖，南方人称油豆腐，而北方人也叫豆腐泡。这道菜充分利用了油豆腐易于吸收多种味道的特点，以辣椒、高汤等助味，鲜香味浓，在寒冷的日子来这么一大碗，舒心暖胃，家的味道十足。

材料		调料	
油豆腐	100 克	辣椒酱	15 克
干辣椒段	7 克	盐	2 克
水发香菇	20 克	鸡精	1 克
葱段	5 克	蚝油	3 毫升
		高汤	适量
		食用油	适量

❶ 先将油豆腐逐个对半切开。

❷ 装入盘中备用。

做法演示

❶ 用油起锅，倒入干辣椒段、葱段、水发香菇。

❷ 加入辣椒酱炒香。

❸ 倒入切好的油豆腐，拌炒片刻。

❹ 注入少许高汤，翻炒至油豆腐变软。

❺ 加盐、鸡精、蚝油调味，翻炒片刻至熟透。

❻ 将锅中材料盛入砂煲中。

❼ 加盖，置于小火上焖煮片刻。

❽ 撒上少许葱段。

❾ 关火，端下砂煲即可食用。

食物相宜

提高免疫力

香菇

+

青豆

补气养血

香菇

+

鸡肉

制作指导

❂ 优质油豆腐色泽橙黄鲜亮，而掺了大米等杂物的油豆腐色泽暗黄。

❂ 用手轻捏油豆腐，不能复原的多为掺杂货。

养生常识

★ 油豆腐是豆腐的炸制食品，色泽金黄，内如丝肉，细致绵空，富有弹性。既可作蒸、炒、炖之主菜，又可作为各种肉食的配料，是荤宴素席兼用的佳品。

千张丝炒韭菜

⏰ 3分钟　❌ 清热解毒
🌡 辣　　　☺ 一般人群

　　千张是我国赣、皖两地对一种特殊豆制品的叫法，它是一种精薄的豆腐干片，口感细嫩柔韧，味道鲜香，北方人也叫豆腐皮。将切成丝的千张与韭菜、洋葱、红椒同炒，层层叠叠的味觉与口感中，散发着浓郁的豆香与韭菜香味，营养美味。

材料

千张皮	300 克
韭菜	200 克
洋葱	30 克
红椒	15 克

调料

盐	3 克
鸡精	2 克
蚝油	3 毫升
水淀粉	适量
食用油	适量

❶ 将洗净的韭菜切成约 4 厘米长的段。

❷ 洗好的千张皮改刀切成方片，再改刀切成丝。

❸ 把洗净的洋葱切成丝。

❹ 红椒洗净，切成丝。

❺ 锅中注入清水烧开，倒入千张丝焯煮约 1 分钟。

❻ 捞出焯好的千张丝。

做法演示

❶ 另起锅，注油烧热，倒入红椒、洋葱。

❷ 倒入韭菜炒约 1 分钟。

❸ 倒入千张丝炒均匀。

❹ 加入盐、鸡精、蚝油，炒匀调味。

❺ 倒入少许水淀粉勾芡，拌炒均匀。

❻ 将菜盛入盘中即成。

食物相宜

治疗便秘

韭菜

豆腐

补肾，止痛

韭菜

＋

鸡蛋

制作指导

✿ 春季的韭菜品质最好，夏季的最差。

✿ 烹饪时要注意选择嫩叶韭菜为宜。

✿ 韭菜不宜保存，建议即买即食。

养生常识

★ 隔夜的熟韭菜不宜食用，以免发生亚硝酸盐中毒。

双椒炒牛肉

⏰ 3分钟　　✖ 增强免疫力
🌶 辣　　　　😊 一般人群

在美食的世界里，香与辣总是如影随形，这道双椒炒牛肉就将牛肉的香气极好地融入到泡椒、青红椒的辣味中。口感嫩滑的牛肉浸着鲜辣的芡汁，香辣开胃，充斥满口的灼烧感裹着各种辣椒、葱段、姜片、蒜末的香气，让你的味觉如获新生。

材料

牛肉	200 克
青椒	20 克
红椒	20 克
小米泡椒	35 克
姜片	5 克
蒜末	5 克
葱段	3 克
葱叶	3 克

调料

盐	5 克
水淀粉	10 毫升
味精	5 克
淀粉	3 克
生抽	3 毫升
料酒	3 毫升
蚝油	3 毫升
食用油	适量
豆瓣酱	适量

❶ 将泡椒切段。

❷ 洗净的红椒切圈。

❸ 洗净的青椒切圈。

❹ 洗净的牛肉切片。

❺ 牛肉片加少许淀粉、生抽、盐、味精拌匀，加水淀粉拌匀。

❻ 加少许食用油腌渍10分钟。

❼ 锅中加约 1000 毫升清水烧开，倒入牛肉，搅散，至变色。

❽ 将煮好的牛肉片捞出。

❾ 热锅注油，烧至五成热，倒入牛肉，搅散，滑油片刻捞出。

食物相宜

延缓衰老

牛肉

＋

鸡蛋

养血补气

牛肉

＋

枸杞

做法演示

❶ 锅底留油，倒入姜片、蒜末、葱段。

❷ 加入青椒、红椒、泡椒炒香。

❸ 倒入滑油后的牛肉。

❹ 加入盐、料酒、味精、蚝油、豆瓣酱炒匀调味。

❺ 加水淀粉勾芡。

❻ 倒入葱叶炒匀。

❼ 加入少许熟油。

❽ 翻炒匀至入味。

❾ 盛出装盘即可。

辣子羊排

🕐 6分钟　　❌ 保肝护肾
🔺 辣　　☺ 一般人群

　　人们很难抵挡足料足味的诱惑，就像这道辣子羊排，好客的草原人挑选最肥嫩的羔羊肉，施以最简单的调味，够香、够辣、够劲。羊排焦嫩香郁，酥软的羊肉纤维间透着辣椒油黄润的光泽，沾满花椒、朝天椒的香味儿，带给你来自呼伦贝尔草原上火辣辣的别样风情。

材料		调料	
卤羊排	500克	盐	3克
朝天椒末	40克	味精	1克
熟白芝麻	3克	生抽	3毫升
姜片	10克	淀粉	适量
葱段	10克	料酒	5毫升
花椒	15克	辣椒油	适量
		花椒油	适量
		食用油	适量

❶ 将卤羊排洗净后斩成块。

❷ 将切好的羊排放入碗中。

❸ 碗中加少许生抽、淀粉。

❹ 抓匀后腌渍 10 分钟入味。

❺ 热锅注油，入羊排炸 1 ～ 2 分钟至表皮呈金黄色。

❻ 捞出装盘。

做法演示

❶ 锅留底油，倒入葱白段、姜片。

❷ 放入花椒、朝天椒爆香。

❸ 倒入羊排翻炒约 3 分钟至熟。

❹ 加入盐、味精。

❺ 倒入料酒。

❻ 淋入辣椒油、花椒油炒匀。

❼ 撒入葱叶段炒匀。

❽ 盛入盘中。

❾ 撒入熟白芝麻即成。

食物相宜

治疗腹痛

羊排

＋

生姜

增强免疫力

羊排

＋

香菜

辣子鸡丁

🕐 4分钟 ⚔ 增强免疫力
🌶 辣 ☺ 一般人群

　　辣子鸡丁属于川菜中的一种，为川东地区下河帮的知名风味菜式，讲究用料大胆、实惠，烹制粗犷，口味浓厚暴烈，故有"江湖菜"之称。这道菜周身散发着浓郁的香辣味，过油初炸、大火快炒保证了鸡肉的脆嫩、鲜香，十分开胃下饭，让你吃到过瘾。

材料		调料	
鸡胸肉	300克	盐	5克
干辣椒	5克	味精	5克
蒜瓣	5克	鸡精	5克
姜片	5克	料酒	3毫升
		淀粉	适量
		辣椒油	适量
		花椒油	适量
		食用油	适量

❶ 洗净的鸡胸肉切成丁，装入碗中。

❷ 加入少许盐、味精、鸡精、料酒拌匀。

❸ 加淀粉拌匀，腌渍约 10 分钟入味。

❹ 热锅注油，烧至六成热，倒入鸡丁。

❺ 搅散，炸至金黄色捞出。

做法演示

❶ 另起锅，注油烧热，倒入姜片、蒜瓣炒香。

❷ 倒入干辣椒拌炒片刻。

❸ 倒入鸡丁炒匀。

❹ 加入盐、味精、鸡精，炒匀调味。

❺ 加少许辣椒油、花椒油炒匀至入味。

❻ 盛出装盘即可。

食物相宜

补五脏、益气血

鸡肉

+

枸杞

排毒养颜

鸡肉

+

冬瓜

制作指导

☺ 老年人、患者、孕妇、体弱者很适宜食用鸡胸肉。肥胖或胃肠较弱、动脉硬化者，也可以适当多吃鸡胸肉。

☺ 感冒发热、内火偏旺、痰湿偏重之人或患有热毒疖肿之人则要忌食鸡胸肉。

芽菜碎米鸡

⏱ 5分钟　　✂ 增强免疫力
🥘 辣　　😊 一般人群

　　芽菜是四川特产的一种风味腌菜，以芥菜的嫩茎切丝腌渍而成，有咸、甜两种口味，质脆嫩，味鲜而香，咸淡适口。这道菜鸡肉细嫩、鲜香，芽菜风味浓郁，两种切得细碎的食材将各种滋味完美地交融，咸香微辣，十足的"米饭杀手"。

材料		调料	
鸡胸肉	150克	盐	3克
芽菜	150克	葱姜酒汁	适量
生姜末	5克	水淀粉	适量
葱末	5克	味精	1克
辣椒末	5克	白糖	2克
		食用油	适量

① 把洗净的鸡胸肉切成丁。

② 盛入碗中。

③ 加入适量的盐、葱姜酒汁。

④ 倒入少许水淀粉拌匀。

⑤ 在锅中倒入少许清水烧开，倒入切好的芽菜。

⑥ 焯熟后将芽菜捞出来备用。

做法演示

① 热锅注油，倒入鸡丁翻炒约3分钟至熟。

② 放入姜末、辣椒末、部分葱末。

③ 倒入芽菜翻炒均匀。

④ 加味精、白糖调味。

⑤ 撒入余下葱末拌匀。

⑥ 盛出装盘即成。

制作指导

- ✿ 选购时要注意鸡胸肉的外观、色泽、质感。一般来说，质量好的鸡肉白里透红，有亮度，手感光滑。
- ✿ 鸡胸肉在肉类食品中是比较容易变质的，所以购买之后要马上放进冰箱里，可以在食用前的时候取用。

食物相宜

生津止渴

鸡胸肉

+

人参

增强记忆力

鸡胸肉

+

金针菇

温中益气、解毒消肿

鸡胸肉

+

土豆

红烧鸡翅

🕐 5分钟	✂ 益气补血
🔥 辣	😊 女性

红烧，吾所爱也，鸡翅，亦吾所爱也，两者可兼得，实乃一大快事。红烧可使细嫩的鸡肉酥烂入味，滋味咸鲜微甜，红黄油润的芡汁散发着浓郁的香气。酥软的土豆吸收汤汁后，饱含肉香，同时也大大减轻了鸡肉的油腻感，吃起来更毫无忌惮。

材料

鸡翅	150克
土豆	200克
姜片	5克
葱段	5克
干辣椒	5克

调料

盐	4克
白糖	2克
料酒	5毫升
蚝油	适量
糖色	适量
豆瓣酱	适量
水淀粉	适量
辣椒油	适量
花椒油	适量
食用油	适量

❶ 在洗净的鸡翅上打上花刀。

❷ 将去皮洗净的土豆切块。

❸ 鸡翅加盐、料酒、糖色抓匀，腌渍片刻。

❹ 热锅注油，烧至五成热，倒入鸡翅。

❺ 略炸后捞出沥油。

❻ 倒入土豆块，炸熟后捞出沥油。

做法演示

❶ 锅底留油，加干辣椒、姜片、葱段炒香。

❷ 倒入豆瓣酱炒匀。

❸ 加少许清水。

❹ 放入鸡翅、土豆炒均匀。

❺ 加盖，焖煮约 1 分钟至熟。

❻ 揭盖，放入盐、白糖煮片刻。

❼ 加入蚝油炒匀。

❽ 用水淀粉勾芡。

❾ 淋入辣椒油炒匀。

❿ 加入少许花椒油炒均匀。

⓫ 撒上葱段炒匀。

⓬ 盛出装盘即可。

补五脏、益气血

鸡翅

枸杞

增强食欲

鸡翅

柠檬

增强记忆力

鸡翅

金针菇

辣炒鸭丁

🕐 5分钟　　✂ 开胃消食

🌶 辣　　　😊 儿童

　　鸭肉细嫩肥美、营养丰富，可大补虚劳，自古以来就是食客们餐桌上的解馋大菜。这道辣炒鸭丁无须整鸭，也无须烦琐的腌渍、烹饪。切成小块儿的鸭肉不仅适口，也更利于充分入味，色泽红亮，香辣开胃，糯嫩的鸭肉滑入口中的那一刻，你就会爱上它。

材料		调料	
鸭肉	350 克	盐	3 克
朝天椒	25 克	料酒	5 毫升
干辣椒	10 克	味精	1 克
姜片	5 克	蚝油	3 毫升
葱段	5 克	水淀粉	适量
		辣椒酱	适量
		辣椒油	适量
		食用油	适量

❶ 鸭肉洗净切丁。

❷ 将朝天椒洗净切成圈。

做法演示

❶ 用油起锅，倒入鸭丁炒香。

❷ 加料酒、盐、味精、蚝油，翻炒约2分钟至熟。

❸ 倒入少许清水，加辣椒酱炒匀。

❹ 倒入姜片、葱白段、朝天椒、干辣椒炒香。

❺ 加水淀粉勾芡，淋入少许辣椒油，翻炒均匀。

❻ 装盘撒上葱叶即可。

养生常识

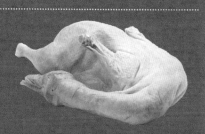

★ 鸭肉性凉，适宜于体内有热、上火的人食用；低热、体质虚弱、食欲不振、大便干燥和水肿的人，食之更佳。同时鸭肉也很适宜于营养不良、产后病后体虚、盗汗、遗精、妇女月经少、咽干口渴者食用。此外，鸭肉还适宜糖尿病、肝硬化腹水、肺结核、慢性肾炎水肿者食用。

★ 素体虚寒、受凉引起的不思饮食、胃部冷痛、腹泻、腰痛、寒性痛经，及肥胖、动脉硬化、慢性肠炎者，应少食鸭肉，以免加重病情。感冒患者则不宜食用鸭肉。

食物相宜

滋阴润肺

鸭肉

芥菜

滋润肌肤

鸭肉

金银花

小炒乳鸽

⏱ 10分钟　　✂ 保肝护肾
🔺 辣　　😊 男性

　　古语有"一鸽胜九鸡"之说，盛名之下让鸽肉成为人们心目中非常难得的美味食材。鸽子以春夏之交最为肥美，这道小炒乳鸽选择最鲜嫩的鸽肉，以辣入味，皮酥肉嫩，棕红色的鸽肉透着鲜香久久不绝，难怪资深"吃货"宁吃"天上飞"一两、不食"地上走"半斤。

材料		调料	
乳鸽	1只	盐	3克
青椒片	20克	味精	1克
红椒片	20克	蚝油	3毫升
生姜片	15克	辣椒酱	适量
蒜蓉	15克	辣椒油	适量
		料酒	5毫升
		食用油	适量

❶ 乳鸽洗净，斩块。

❷ 起油锅。

❸ 放入鸽肉翻炒片刻，加入适量料酒炒均匀。

❹ 倒入辣椒酱拌炒2～3分钟。

❺ 倒入生姜片、蒜蓉炒约5分钟至鸽肉完全熟透。

❻ 加适量盐、味精、蚝油调味。

❼ 放入青椒、红椒翻炒至熟。

❽ 淋入少许辣椒油拌炒匀。

❾ 出锅装盘即成。

滋肾益气、散淤

鸽肉

+

螃蟹

养生常识

★ 乳鸽肉性平，味咸，具有补肾、益气、养血的作用。鸽血中富含血红蛋白，能使手术后伤口更好地愈合，也对手术后病体的营养补充很有益处。女性经常食用鸽肉，可以调补血气。此外，鸽肉中还含有丰富的软骨素，经常食用，可以使肌肤变得白嫩、细腻，爱美人士可以多食。老年人食用则有延年益寿的作用。

★ 民间称鸽子为"甜血动物"，尤其适宜贫血者食用，能恢复健康。

★ 乳鸽肉对毛发脱落、中年秃顶、头发早白、未老先衰等有一定的疗效。

★ 乳鸽肉对于防止细胞衰老、益寿延年有一定作用。

★ 乳鸽肉可防止孕妇流产或早产，并能防止男子精子活力减退和睾丸萎缩。

★ 乳鸽的肝脏贮有丰富的胆素，可帮助人体很好地利用胆固醇，防止动脉硬化。

剁椒荷包蛋

⏰ 10分钟   ✂ 保肝护肾
🌶 辣   ☺ 一般人群

    鸡蛋几乎是烹饪美食的百搭角色，无论担当主料还是辅料，它都能大方出场，搭配各种食材、各种口味，然后甩给你一个美味的惊叹号。将荷包蛋与剁椒、青红椒同炒，色泽红黄相间，酥嫩可口，将咸、鲜、香、辣完美融合，越酥越爱嚼，越辣越有味儿。

材料

鸡蛋	4个
剁椒	100克
青椒末	20克
红椒末	20克

调料

食用油   适量

① 锅中注入适量食用油，烧热，打入鸡蛋。

② 煎至两面金黄，制成荷包蛋。

③ 依次制成多个荷包蛋，并将荷包蛋对半切开。

做法演示

① 锅底留油，倒入剁椒、青椒末、红椒末炒香。

② 加少许清水炒匀。

③ 倒入切好的荷包蛋片。

④ 拌炒均匀。

⑤ 盛入盘中即可。

制作指导

✪ 将鸡蛋打入锅中后，在蛋黄上滴几滴热水，可使煎出的荷包蛋嫩而光滑。

✪ 煎荷包蛋时，先用小火煎。待底面呈金黄色后，将其翻过来煎另外一面，关火用余温将其煎熟便可。

食物相宜

增强人体免疫力

鸡蛋

干贝

养心润肺、安神

鸡蛋

菠菜

青椒拌皮蛋

🕐 3分钟　　✖ 开胃消食

🔥 辣　　　　☺ 女性

　　这是一道会让人又辣又爽，吃到忘乎所以的凉拌菜。鲜嫩爽脆的青椒圈搭配醇香爽滑的皮蛋，滋味香辣，风味独特，做起来超级简单。在炎热的夏季，来上这么一盘不仅能让人火气顿消、胃口大开，鲜辣的口味更能完全唤醒你的味蕾。

材料		调料	
皮蛋	2个	盐	3克
青椒	50克	味精	2克
蒜末	10克	白糖	5克
		生抽	10毫升
		陈醋	10毫升

食材处理

❶ 把洗净的青椒切成圈。

❷ 将已去皮的皮蛋切成小块儿。

做法演示

❶ 锅中加适量清水烧开，倒入青椒，搅散。

❷ 煮半分钟至熟。

❸ 将煮好的青椒捞出，沥干水分。

❹ 将切好的青椒、皮蛋装入碗中。

❺ 倒入蒜末。

❻ 加入盐、味精、白糖、生抽。

❼ 倒入陈醋。

❽ 拌约1分钟，使其入味。

❾ 将拌好的材料盛入盘中即可。

制作指导

✪ 食用皮蛋时，加点陈醋，既能杀菌，又能中和皮蛋的部分碱性，食用时更加美味。

✪ 皮蛋一周吃一次即可，不要多吃。

养生常识

★ 皮蛋性凉，味辛，具有解热、去肠火、治牙痛的作用，可防治眼痛、牙痛、耳鸣、眩晕等疾病。

食物相宜

美容养颜

青椒

苦瓜

降低血压，
消炎止痛

青椒

空心菜

有利于维生素
的吸收

青椒

＋

鸡蛋

野山椒蒸草鱼

⏱ 12分钟　　✕ 增强免疫力

🌶 辣　　😊 一般人群

　　在春池水涨的日子，与水中肥美的鱼儿遥遥对望上一眼，那一刻复杂的心情只有真正的吃货才能理解。抓一把野山椒，细细切碎，将酸辣的魂渗透进鲜嫩的鱼肉当中。高温蒸制的手法不仅锁住了鱼的鲜味，更健康少油。细嫩鲜爽的极致体验，但赐一尾，便已足矣。

材料		调料	
草鱼	300克	盐	3克
野山椒	20克	味精	1克
姜丝	3克	料酒	5毫升
姜末	3克	食用油	少许
蒜末	5克	鼓油	5毫升
葱丝	5克		
红椒丝	20克		

食材处理

❶ 野山椒切碎。

❷ 将切好的野山椒装入盘中，加入姜末、蒜末。

❸ 加入盐、味精、料酒，拌匀。

❹ 将调好的野山椒末，放在洗净的草鱼肉上。

❺ 腌渍约 10 分钟至入味。

做法演示

❶ 将腌好的草鱼放入蒸锅。

❷ 加盖，大火蒸约 10 分钟至熟透。

❸ 揭盖，取出蒸熟的草鱼。

❹ 撒入姜丝、红椒丝、葱丝。

❺ 锅中倒入少许食用油，烧热。

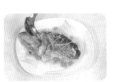

❻ 将热油淋在蒸熟的草鱼上，盘底浇入豉油即成。

食物相宜

补虚利尿

草鱼

＋

黑木耳

祛风、清热、平肝

草鱼

＋

冬瓜

制作指导

✿ 在腌渍前，在草鱼身上划几刀，能使腌渍入味。

✿ 烹调时即使不放味精，鱼也能很鲜美。

养生常识

★ 草鱼味甘，性温，无毒，具有暖胃和中、平降肝阳、祛风、治痹、截疟、益肠、明目的作用。

剁椒鱼头

⏲ 13分钟　　✂ 降压降糖
🌡 辣　　　　☺ 一般人群

　　这道剁椒鱼头是湘菜中的王牌，有"鸿运当头"的寓意，无论是居家小酌，还是设宴待客，这道菜都是绝佳之选。它将鱼头的"鲜"与剁椒的"辣"融于一处，滋味咸鲜微辣，肉质细嫩肥美，却毫不腻口，吃起来清香四溢，一上桌就能博得个满堂彩。

材料		调料	
鲜鱼头	450克	盐	2克
剁椒	130克	味精	1克
葱花	5克	蒸鱼豉油	适量
葱段	5克	料酒	5毫升
蒜末	5克	食用油	适量
姜末	5克		
姜片	5克		

❶ 将鱼头洗净切成相连两半，在鱼肉上划"一"字刀。

❷ 用料酒抹匀鱼头，鱼头内侧再抹上盐和味精。

❸ 将剁椒、姜末、蒜末装入碗中。

❹ 加入少许盐、味精抓匀。

❺ 将调好味的剁椒铺在鱼头上。

❻ 鱼头翻面，铺上剁椒、葱段和姜片腌渍入味。

做法演示

❶ 蒸锅注水烧开，放入鱼头。

❷ 加盖用大火蒸约10分钟至熟透。

❸ 揭开锅盖，取出蒸熟的鱼头，挑去姜片和葱段。

❹ 淋上蒸鱼豉油。

❺ 撒上葱花。

❻ 另起锅入油烧热，将热油浇在鱼头上即可。

食物相宜

解毒美容

鲢鱼

豆腐

利水消肿

鲢鱼

白萝卜

制作指导

✪ 水烧开后再放入鱼头蒸，鱼眼蒸突出时，鱼头即熟。

✪ 蒸鱼时加点蒸鱼豉油，味道更棒。

养生常识

★ 鲢鱼能提供丰富的胶质蛋白，既能健身，又能美容，是温中补气、暖胃、润泽肌肤的养生食品。

辣炒鱿鱼

- ⏱ 4分钟
- 🔥 辣
- ✂ 降低血脂
- ☺ 老年人

　　美食多出自民间，那些人声喧闹的街边大排档凭借便利实惠、量大味鲜，成为了众多食客的聚集之地。这道辣炒鱿鱼柔嫩弹牙，与脆爽的青红椒同炒，菜色诱人。脆脆嫩嫩的口感层层叠叠，那咸鲜的滋味能轻松助你消灭几碗香喷喷的白米饭。

材料

鱿鱼	150克
青椒	25克
红椒	25克
蒜苗梗	20克
干辣椒	7克
姜片	6克

调料

盐	3克
味精	1克
水淀粉	适量
辣椒酱	适量
料酒	5毫升
食用油	适量

1 将洗净的青椒切成片。

2 将洗好的红椒对半切成片。

3 将洗好的鱿鱼切成细丁。

4 将鱿鱼丁加料酒、盐、味精、水淀粉拌匀腌渍一下。

5 锅中加清水烧开，倒入鱿鱼丁。

6 余水片刻后捞出备用。

做法演示

1 用油起锅，放入姜片。

2 撒上已切好洗净的蒜苗梗，爆香。

3 倒入鱿鱼丁翻炒均匀。

4 加入洗切好的干辣椒炒香。

5 倒入青椒、红椒炒匀。

6 淋上料酒，放入辣椒酱，翻炒片刻。

7 放入盐、味精炒至入味。

8 倒入水淀粉和熟油炒匀。

9 盛出即可。

延年益寿

鱿鱼

+

银耳

抵抗寒冷

鱿鱼

+

虾

青红椒炒虾仁

⏰ 3分钟	✖ 增强免疫力
🔲 辣	☺ 老年人

　　虾肉嫩滑松软、鲜香味美，是海味当中的上品。能将虾烹饪加工得出神入化的当数闽菜，其又以香味见长，再加上得天独厚的"鲜"的优势，几乎无懈可击。这道菜虾肉浑圆如珠、嫩滑脆爽，滑入口中，鲜辣的滋味便会瞬间传遍你的味觉神经。

材料

青椒	40克
红椒	20克
虾仁	100克
姜片	5克
蒜末	5克
葱白	5克

调料

盐	4克
味精	1克
料酒	15毫升
辣椒酱	20克
水淀粉	适量
食用油	适量

❶ 将洗净的青椒对半切开，去籽，切成片。

❷ 洗净的红椒切开，去籽，切成片。

❸ 洗净的虾仁背部切开，去掉虾线。

❹ 虾仁盛入碗中，加入少许盐、味精、水淀粉，拌匀。

❺ 碗中再加少许食用油，腌渍 5 分钟。

❻ 锅中加 1000 毫升清水烧开，加少许食用油，倒入青椒、红椒。

❼ 煮沸后捞出备用。

❽ 将腌渍好的虾仁倒入锅中。

❾ 氽烫至转为红色后捞出。

❿ 热锅注油，烧至四成热，倒入虾仁。

⓫ 滑油片刻捞出。

益气、下乳

虾

＋

葱

补脾益气

虾

＋

香菜

做法演示

❶ 锅留底油，倒入姜片、蒜末、葱白爆香。

❷ 倒入焯水后的青椒、红椒。

❸ 加入滑油后的虾仁，翻炒匀。

❹ 加盐、味精、料酒、辣椒酱，炒匀。

❺ 加少许水淀粉勾芡，翻炒匀至入味。

❻ 盛出装盘即可。

双椒爆螺肉

🕐 4分钟　　✂ 增强免疫力

🔥 辣　　😊 一般人群

　　南方人喜吃螺肉，田螺肉质鲜嫩，味道香浓，尤以春天吃最为肥美，这种食材虽难登大雅之堂，却也汁香味浓、富有闲趣。双椒爆螺肉选取去壳后的鲜嫩螺肉，配以青红椒用大火爆炒，色香味俱全，如此小巧玲珑的食材所爆发出来的滋味绝对会超乎你的想象。

材料		调料	
田螺肉	250克	盐	3克
青椒片	40克	味精	1克
红椒片	40克	料酒	5毫升
姜末	20克	水淀粉	适量
蒜蓉	20克	辣椒油	适量
葱末	5克	芝麻油	适量
		胡椒粉	适量
		大豆油	适量

❶ 用大豆油起锅，倒入葱末、蒜茸、姜末爆香。

❷ 倒入田螺肉翻炒约2分钟至熟。

❸ 放入青椒、红椒片。

❹ 拌炒均匀。

❺ 放入盐、味精。

❻ 加料酒调味。

❼ 加入少许水淀粉勾芡，淋入辣椒油、芝麻油。

❽ 撒入胡椒粉，拌匀。

❾ 出锅装盘即成。

养生常识

★ 田螺不宜与冷饮同时食用：否则易导致消化不良或腹泻。冷饮能降低人的肠胃温度，削弱消化功能。田螺性寒，食用田螺后如果饮冰水，或食用冷饮，都可能导致消化不良或腹泻。

★ 螺肉不宜与蛤蚧同服；不宜与牛肉、羊肉、蚕豆、猪肉、蛤、面、玉米、木耳及糖类同食。

★ 食用螺肉类应烧煮10分钟以上，以防止病菌和寄生虫感染。所以一定要用正确的烹饪方法充分煮熟方可食用，且不宜频繁食用。

补肝肾、清热毒

田螺

白菜

清热解酒

田螺

葱

辣炒花蛤

🕐 3分钟　　✂ 增强免疫力

🌡 辣　　😊 男性

　　对于品尝海鲜来说，第一要务就是"鲜"。一个个鲜活的小贝壳吐着轻盈的泡泡升出水面，又跨越千里来到你的面前，架锅，开火，爆炒，调味。红褐色花纹的贝壳下，雪白的花蛤肉将那来自海洋的浓郁鲜味蔓延开来，几乎无人能抗拒它的诱惑。

材料		调料	
花蛤	500克	盐	3克
青椒片	20克	料酒	3毫升
红椒片	20克	味精	3克
干辣椒	10克	鸡精	3克
蒜末	5克	水淀粉	适量
姜片	5克	芝麻油	适量
葱白段	5克	辣椒油	适量
		豆豉酱	适量
		豆瓣酱	适量
		食用油	适量

食材处理

❶ 锅中加足量清水烧开，倒入花蛤搅匀。

❷ 壳煮开后捞出。

❸ 花蛤放入清水中清洗干净。

做法演示

❶ 用油起锅，入干辣椒、姜片、蒜末、葱白段。

❷ 加入切好的青椒片、红椒片、豆豉酱炒香。

❸ 倒入煮熟洗净的花蛤，拌炒匀。

❹ 加入适量的味精、盐、鸡精。

❺ 淋入少许料酒炒匀调味。

❻ 加豆瓣酱、辣椒油炒匀。

❼ 加水淀粉勾芡。

❽ 加入少许芝麻油炒匀。

❾ 盛出装盘即可。

★ 花蛤属于软体的贝类食物，兼有抑制胆固醇在肝脏合成和加速排泄胆固醇的独特作用，从而使体内胆固醇下降。这些物质的作用比常用的降胆固醇的药物更强。高脂血症者食用，会对减轻病症很有帮助。中医认为，花蛤肉有滋阴明目、软坚、化痰的作用，还有益精润脏的作用。花蛤肉清爽宜人，能够缓解人的烦躁情绪。

制作指导

✪ 购买花蛤时，可拿起轻轻地敲打其外壳，若为"砰砰"声，则花蛤是死的；相反若为"咯咯"较清脆的声音，则花蛤是活的。

第3章

甘旨肥浓

在人们的记忆中，那些童年的味道、家乡菜的味道从不曾远去。浓醇的香气、熟悉的温热感迎面拂来，历久弥新，每每让人无法释怀。当有一天我们学着长辈们从前的样子亲手去烹制它们，味道已变得不再重要，油然而生的满足感让人恍如隔世。

茭白五丝

秋天的江南，温婉、清寂而空灵，人们摘取水生于湖沼中的茭白，洁净而柔嫩，烹制成的小菜鲜香可口，略带有甜味儿。这道茭白五丝将五种不同食材切成细丝，荤素搭配，在易于加热熟化的同时，也会生成丰富的口感，细软脆嫩，丝丝入味。

材料

榨菜	120克
瘦肉	80克
胡萝卜	15克
茭白	200克
青椒	20克

调料

盐	2克
味精	1克
料酒	5毫升
水淀粉	适量
鸡精	2克
白糖	2克
芝麻油	适量
葱油	适量
食用油	适量

❶ 茭白洗净，切丝。

❷ 青椒洗净，切丝。

❸ 胡萝卜洗净，切丝。

❹ 瘦肉洗净，切丝。

❺ 榨菜洗净，切丝。

❻ 切好的瘦肉装入碗中，加少许盐、味精、料酒和水淀粉。

❼ 用筷子拌匀，腌渍5分钟入味。

❽ 锅中注入少许清水，倒入榨菜丝煮开，倒入茭白、胡萝卜丝，焯煮1分钟至熟。

❾ 捞出锅中的材料，备用。

做法演示

❶ 另起锅，注油烧热，倒入瘦肉丝，翻炒至肉色变白。

❷ 倒入青椒丝、榨菜丝、胡萝卜丝和茭白丝，翻炒约1分钟。

❸ 加盐、鸡精、白糖炒匀调味。

❹ 加入少许水淀粉勾芡。

❺ 淋入少许芝麻油、葱油，拌炒均匀。

❻ 盛入盘内即可。

食物相宜

促进消化，增进食欲

榨菜

＋

黄豆芽

健脾利尿

榨菜

＋

咸蛋

健脾开胃

榨菜

＋

牛肉

鱼香肉丝

🕐 2分钟　　✂ 开胃消食

🌡 酸　　😊 一般人群

鱼香肉丝是一道大名鼎鼎的地道川菜，它最大的特色就在于食材选料当中寻不见鱼的踪迹，却能烹调出鱼的香气。这出自川菜的独门调味手艺，煞是神奇。这道菜的口感也极为丰富，冬笋鲜嫩，木耳脆爽，肉丝香软，是非常迎合大众口味的家常美味。

材料

瘦肉	150 克
水发木耳	40 克
冬笋	100 克
胡萝卜	70 克
蒜末	5 克
姜片	5 克
蒜梗	5 克

调料

盐	3 克
水淀粉	10 毫升
料酒	5 毫升
味精	3 克
生抽	3 毫升
淀粉	适量
陈醋	适量
豆瓣酱	适量
食用油	适量

❶ 把洗好的木耳切成丝。

❷ 洗净的胡萝卜切片，改切成丝。

❸ 洗净的冬笋切片，改切成丝。

❹ 洗净的瘦肉切片，改切成丝。

❺ 肉丝装入碗中，加入少量盐、味精、淀粉拌匀。

❻ 加入少许水淀粉拌均匀。

❼ 倒入少许食用油腌渍 10 分钟入味。

❽ 锅中注入清水，大火烧开，加入盐。

❾ 倒入胡萝卜、冬笋。

❿ 倒入木耳搅匀，煮 1 分钟至熟。

⓫ 将煮好的材料捞出，沥干水分备用。

⓬ 热锅注油，烧至四成热，放入肉丝，滑油至白色即可捞出。

做法演示

❶ 锅底留油，倒入蒜末、姜片、蒜梗爆香。

❷ 倒入胡萝卜、冬笋、木耳炒匀。

❸ 倒入肉丝，加料酒拌炒匀。

❹ 加入盐、味精、生抽、豆瓣酱、陈醋。

❺ 炒匀调味。

❻ 加入少许水淀粉。

❼ 快速拌炒匀。

❽ 盛出装盘即可。

咕噜肉

🕐 2分钟　　✕ 益气补血

🔲 甜　　　　😊 一般人群

当一个爱吃肉的人嘴馋起来，对五花肉是毫无抵抗力的。这种肥瘦相间的五花肉，油脂部分肥美却毫不油腻，瘦肉部分最为细嫩多汁。嘴馋的广东人选用优质五花肉裹上鸡蛋、生粉，过油后覆上酸甜汁，外脆内松，肥而不腻，浓郁的果香叫人垂涎。

材料		调料	
五花肉	200 克	番茄酱	20 克
菠萝肉	150 克	白糖	12 克
青椒	15 克	白醋	10 毫升
红椒	15 克	淀粉	3 克
鸡蛋	1 个	盐	3 克
葱白	5 克	食用油	适量

❶ 洗净的红椒切开，去籽，切成片。

❷ 洗净的青椒切开，去籽，切成片。

❸ 菠萝肉切成块。

❹ 洗净的五花肉切成小块。

❺ 鸡蛋去蛋清，取蛋黄，盛入碗中。

❻ 锅中加约 500 毫升清水烧开，倒入五花肉。

❼ 汆烫至转色即可捞出。

❽ 五花肉加白糖拌匀，加少许盐。

❾ 倒入蛋黄，搅拌均匀，再加淀粉裹匀。

❿ 将拌好的五花肉分块夹出装盘。

⓫ 热锅注油，烧至六成热，放入五花肉，炸约 2 分钟至熟透。

⓬ 将炸好的五花肉捞出沥油。

做法演示

❶ 用油起锅，倒入葱白爆香。

❷ 倒入切好备用的青椒片、红椒片炒香。

❸ 倒入切好的菠萝肉块炒匀。

❹ 加白糖炒至融化。

❺ 加入番茄酱炒匀。

❻ 倒入炸好的五花肉炒匀。

❼ 加入适量白醋。

❽ 拌炒匀至入味。

❾ 盛出装盘即可。

板栗红烧肉

⏱ 6分钟　　✖ 滋养补身

🔳 咸　　🙂 一般人群

　　很多人不远千里造访江南，寻遍大街小巷，只为品尝一口肉香。威名响彻大江南北的红烧肉被人们奉为经典，几乎家家会做，人人爱吃。这道板栗红烧肉借助外酥内甜的板栗来吸收肉的油腻成分，栗香浓郁，肉香味美，肥而不腻。

材料		调料	
猪肉	500克	糖色	适量
板栗	70克	料酒	5毫升
生姜片	5克	老抽	5毫升
大蒜	5克	八角	3克
葱段	5克	食用油	适量

食材处理

① 将洗好的猪肉切成块。

② 热锅注油，烧至四成热，倒入已去壳洗好的板栗。

③ 炸约 2 分钟至熟，捞出。

做法演示

① 锅留底油，倒入猪肉炒至出油。

② 倒入洗好的八角、生姜、大蒜。

③ 倒入糖色拌炒均匀。

④ 加料酒、老抽。

⑤ 快速拌炒匀。

⑥ 倒入板栗。

⑦ 加入适量清水。

⑧ 加盖焖煮 2 分钟至入味。

⑨ 揭盖倒入葱段。

⑩ 翻炒均匀。

⑪ 盛入盘中即可食用。

食物相宜

降低胆固醇

猪肉

红薯

补脾益气

猪肉

莴笋

包菜炒腊肉

🕐 3分钟	✖ 健脾开胃
△ 咸	☺ 老年人

　　腊肉是中国民间地方风味美食的一种，人们在农历腊月选购上好的白条肉，并以独特方法腌渍、熏干，在全家团圆吃年夜饭时取出并烹制各式各样的美味。这道菜将腊肉与包菜用大火快炒，保留了包菜的爽脆口感，腊肉咸鲜醇香，风味独特。

材料		调料	
包菜	300克	盐	2克
腊肉	100克	味精	1克
干辣椒	3克	白糖	2克
蒜末	5克	蚝油	3毫升
姜片	5克	水淀粉	适量
葱段	5克	食用油	适量

食材处理

❶ 将洗净的包菜切成块。

❷ 将洗净的腊肉切成片。

❸ 锅中加清水烧开，再加食用油和盐。

❹ 倒入包菜。

❺ 煮片刻后捞出。

做法演示

❶ 用油起锅，倒入腊肉爆香。

❷ 然后加入蒜末、姜片、葱段拌炒。

❸ 放入干辣椒炒香。

❹ 倒入包菜，放盐、味精、白糖和蚝油炒均匀。

❺ 加水淀粉勾芡，淋入熟油拌匀。

❻ 盛入盘中即可。

食物相宜

益气生津

包菜

西红柿

健脾开胃

包菜

黑木耳

制作指导

✿ 做熟的包菜不要长时间存放，否则亚硝酸盐沉积，容易导致中毒。

冬笋炒香肠

- ⏰ 3分钟
- ✖ 增强免疫力
- 🔺 咸香
- ☺ 一般人群

　　香肠是世界公认的特色肉食，人们将肉类绞碎，配以辅料，以动物肠衣包裹后经发酵、成熟干制而成。这道菜所选用的香肠风味鲜美，滋味醇厚浓郁，夹一片放进嘴里，能越嚼越香，再配以清脆鲜嫩的冬笋，滋味咸鲜，是冬季开胃下饭的绝佳菜肴。

材料

冬笋	150克
香肠	100克
蒜苗段	5克
蒜末	5克

调料

盐	2克
味精	1克
白糖	5克
料酒	5毫升
蚝油	3毫升
水淀粉	适量
食用油	适量

❶ 将已去皮洗净的冬笋切片。

❷ 把洗好的香肠切成片。

❸ 将切好的香肠、冬笋分别装入盘中，备用。

做法演示

❶ 用油起锅，倒入蒜末、蒜苗段爆香。

❷ 倒入香肠。

❸ 加入少许清水，拌炒片刻至熟。

❹ 倒入冬笋，翻炒 1 分钟至熟透。

❺ 加入盐、味精、白糖、料酒和蚝油。

❻ 拌炒至入味。

❼ 加入少许水淀粉勾薄芡。

❽ 快速拌炒均匀。

❾ 关火起锅，盛入盘中即可。

制作指导

✿ 冬笋是毛竹于冬季在地下生长的颜色洁白、肉质细嫩、味道清鲜的嫩笋。质量好的冬笋呈枣核形，即两头小中间大，驼背鳞片，略带茸毛，皮黄白色，肉淡白色。

食物相宜

有助于促进消化吸收

冬笋

鸡腿菇

可补肠胃、生津止渴

冬笋

香菇

养生常识

★ 冬笋富含蛋白质和多种氨基酸、维生素，以及钙、磷、铁等元素和丰富的膳食纤维。它能促进肠道蠕动，既有助于消化，又能预防便秘和结肠癌的发生。冬笋所含的多糖物质，具有一定的抗癌作用。

菠萝排骨

- 🕐 8分钟
- 🍴 酸
- ✂ 美容养颜
- 😊 一般人群

　　大口喝酒，大块吃肉，是很多吃货的呼声，但浓香肥腻的肉多吃又觉得腻口。聪明地施以酸甜汁便能激发你的味觉，让你吃到尽兴。这道菠萝排骨将肉的口感与水果的清香巧妙融合，排骨外酥里嫩，酸甜适口的芡汁浸润到肉中，香气诱人。

材料

排骨	150 克
菠萝肉	150 克
红椒片	20 克
青椒片	20 克
葱段	5 克
蒜末	5 克

调料

盐	3 克
味精	1 克
番茄汁	30 毫升
吉士粉	适量
面粉	适量
白糖	2 克
水淀粉	适量
食用油	适量

① 将洗净的排骨斩成段。

② 菠萝肉切块。

③ 排骨加盐、味精拌匀，加入吉士粉拌匀。

④ 将排骨均匀裹上面粉腌渍 10 分钟。

⑤ 锅置旺火上，注油烧热，入排骨搅匀。

⑥ 炸约 4 分钟至金黄色且熟透，捞出。

做法演示

① 另起油锅，放入葱段、蒜末、青椒片、红椒片爆香。

② 加入少许清水，倒入菠萝肉炒匀。

③ 倒入番茄汁拌匀加白糖和少许盐调味。

④ 倒入炸好的排骨，加入水淀粉勾芡，炒匀。

⑤ 淋入少许熟油拌匀。

⑥ 盛入盘内即可。

食物相宜

治疗肾炎

菠萝

＋

茅根

生津止渴

菠萝

＋

冰糖

制作指导

✿ 优质菠萝的果实呈圆柱形或两头稍尖的卵圆形，大小均匀适中，果形端正，芽眼数量少。成熟度好的菠萝表皮呈淡黄色或亮黄色，两端略带青绿色，顶上的冠芽呈青褐色。

养生常识

★ 菠萝可以作为配料，加到肉汤里，有提鲜的作用。

★ 当吃得过饱、出现消化不良时，吃点菠萝能起到助消化的作用。

糖醋排骨

🕐 14 分钟		✕ 滋阴壮阳	
△ 酸甜		☺ 一般人群	

　　烹饪调味中的糖醋味源于江苏无锡，这道糖醋排骨就是一道颇受大众欢迎的典型糖醋菜。对醋的独特运用，让这道菜酸甜醇厚、油而不腻，色泽红亮油润，排骨外酥里嫩，吃到嘴里格外细嫩鲜香，酸酸甜甜的奇妙滋味能让人在不知不觉中多吃一碗饭。

材料

排骨	350 克
辣椒	20 克
鸡蛋	1 个
蒜末	5 克
葱白	5 克

调料

盐	3 克
面粉	适量
白醋	15 毫升
白糖	5 克
番茄酱	适量
水淀粉	适量
食用油	适量

① 将洗净的辣椒切开，切成块。

② 将洗净的排骨斩成小段。

③ 将鸡蛋打入碗中，搅散。

④ 切好的排骨盛入碗中，加盐拌均匀。

⑤ 加入蛋液搅拌均匀。

⑥ 加面粉裹匀，装盘静置大约 10 分钟。

⑦ 热锅注油，烧至六成热，放入处理好的排骨。

⑧ 炸约 1 分钟至熟，捞出。

做法演示

① 锅底留油，倒入蒜末、葱白、辣椒炒香。

② 加 20 毫升清水、适量白醋。

③ 加入白糖、番茄酱、盐炒匀。

④ 白糖化开，加水淀粉勾芡。

⑤ 倒入排骨炒匀，再加少许熟油炒匀。

⑥ 关火起锅，盛出装盘即可。

食物相宜

滋阴生津

排骨

＋

西洋参

抗衰老

排骨

＋

洋葱

养生常识

★ 骨折初期不宜饮用排骨汤，中期可少量进食，后期饮用可达到很好的食疗效果。

尖椒烧猪尾

🕐 18 分钟　　✂ 增强免疫力

🧂 辣　　　　☺ 一般人群

　　猪尾，老百姓也乐于叫它"节节香"，虽然吃不到多少肉，但那些包裹住骨节的皮质只要烹饪得当，绝对是佐酒、解馋的正品。这道尖椒烧猪尾味浓香郁，猪尾嫩滑入味，有嚼劲儿，每一节都带有浓浓的肉香，同时也辣得恰到好处，让你吃到过瘾。

材料

猪尾	300 克
青尖椒	60 克
红尖椒	60 克
姜片	5 克
蒜末	5 克
葱白段	5 克

调料

蚝油	3 毫升
老抽	3 毫升
味精	1 克
盐	3 克
白糖	1 克
料酒	5 毫升
辣椒酱	适量
水淀粉	适量
食用油	适量

❶ 将洗净的猪尾斩成块。

❷ 将洗净的青椒切成小片。

❸ 将洗净的红椒切成小片。

做法演示

❶ 锅中加水，加入料酒烧开，再倒入猪尾。

❷ 将其汆烫至断生后捞出。

❸ 起油锅，放入姜片、蒜末、葱白煸香。

❹ 放入猪尾。

❺ 加料酒炒匀，再倒入蚝油、老抽拌炒匀。

❻ 加入少许清水。

❼ 加盖用小火焖煮15分钟。

❽ 揭盖，加入辣椒酱拌匀，焖煮片刻。

❾ 加入味精、盐、白糖炒匀调味。

❿ 倒入青椒、红椒片炒匀。

⓫ 用水淀粉勾芡，淋入熟油，翻炒均匀。

⓬ 最后出锅盛入盘中即成。

养生常识

★ 猪尾有补腰力、益骨髓的作用。

★ 猪尾含丰富的蛋白质和胶质，对丰胸很有效果。

★ 猪尾含有丰富的胶质，美容效果也很好。

食物相宜

催乳

猪尾

+

花生

补肾壮阳

猪尾

+

杜仲

活血解毒

猪尾

+

黑豆

黄豆猪尾

🕐 12分钟	✖️ 补血养颜
⚖️ 咸	😊 女性

这道黄豆猪尾对于很多人来说，饱含着童年的记忆，肥嫩、紧实的猪尾皮肉是旧时人们打打牙祭的绝佳之选。这道菜香气浓郁、口感嫩滑，搭配以黄豆（以我国东北地区出产的最佳），能起到去腻提香的作用，烹调入味后嚼起来非常香。

材料		调料	
猪尾	450克	盐	3克
水发黄豆	200克	味精	1克
胡萝卜	70克	鸡精	1克
蒜苗段	30克	水淀粉	适量
蒜末	5克	料酒	5毫升
姜片	5克	老抽	适量
葱条	5克	蚝油	3毫升
		食用油	适量

❶ 将洗净的猪尾斩成块。

❷ 将洗好的胡萝卜切成块。

❸ 在锅中倒入适量清水。

❹ 倒入猪尾。

❺ 将其氽烫至断生后捞出。

做法演示

❶ 起油锅,倒入蒜末、姜片、葱条爆香。

❷ 倒入猪尾翻炒均匀。

❸ 加入料酒、老抽、蚝油翻炒匀。

❹ 倒入适量清水。

❺ 加入黄豆、胡萝卜。

❻ 加盖焖 10 分钟至猪尾熟透。

❼ 揭盖,加入盐、味精、鸡精调味。

❽ 用水淀粉勾芡。

❾ 撒入蒜苗段翻炒匀出锅即可。

养生常识

★ 猪尾连尾椎骨一道熬汤,具有滋阴益髓的效果,可改善腰酸背痛,预防骨质疏松。在青少年男女发育过程中,可促进骨骼发育。中老年人食用,则可延缓骨质老化、早衰。民间多用其治疗遗尿症。

催乳

猪尾

+

花生

补肾壮阳

猪尾

+

杜仲

活血解毒

猪尾

+

黑豆

酸辣腰花

- ⏱ 13 分钟
- ⚒ 开胃消食
- ⚖ 酸辣
- ☺ 老年人

　　有些菜式吃的不仅是口味，更是工夫。这道酸辣腰花香嫩的口感即来自于精细的刀工和对加热水温、加热时间的准确掌握。要将猪腰一刀一刀切下去，切出距离、深浅一致的花纹，再略微加热即可卷曲成漂亮的腰花。拌上各种调味品和青红椒碎末，滋味酸辣鲜香。

材料

猪腰	200 克
蒜末	5 克
青椒末	20 克
红椒末	20 克
葱花	5 克

调料

盐	3 克
味精	2 克
料酒	5 毫升
辣椒油	适量
陈醋	3 毫升
白糖	2 毫升
淀粉	适量

食材处理

❶ 将洗净的猪腰对半切开，切去筋膜。

❷ 猪腰再切上麦穗花刀，改切成片，装碗备用。

❸ 加入料酒、味精、盐、淀粉拌匀腌渍10分钟。

做法演示

❶ 锅中加清水烧开，倒入腰花搅匀。

❷ 煮约1分钟至熟。

❸ 将煮熟的腰花捞出，盛入碗中。

❹ 在腰花中加入盐、味精。

❺ 加辣椒油、陈醋。

❻ 加入白糖、蒜末、葱花、青椒末、红椒末。

❼ 将腰花和所有调料拌匀。

❽ 将拌好的腰花装盘即可。

食物相宜

滋肾润燥

猪腰

黄豆芽

补肾利尿

猪腰

竹笋

制作指导

✪ 大蒜可生食、捣蒜泥食、煨食、煎汤饮或捣汁外敷等。

✪ 发了芽的大蒜食疗效果甚微，腌渍大蒜不宜时间过长，以免破坏有效成分。

养生常识

★ 中医认为，长期大量地食用大蒜会"伤肝损眼"，因此眼病患者吃大蒜要慎重。

萝卜牛腩

⏱ 17 分钟　　✖ 增强免疫力
⬛ 咸　　😊 男性

　　牛腩，即是牛腹部的松软肌肉，筋、肉、油花相间，与清香爽脆的白萝卜是绝佳的搭配，被吃货们奉为冬季食补的最爱。这道菜借助水蒸气让牛肉口感甜润、酥烂，加入煮透的白萝卜焖入味，嫩软香浓，冬日里的一盘暖食会让你浑身顺畅、口齿溢香。

材料		调料	
热牛腩	350 克	盐	5 克
白萝卜	400 克	料酒	3 毫升
蒜苗段	40 克	鸡精	1 克
姜片	5 克	蚝油	3 毫升
蒜末	5 克	白糖	2 克
葱白	5 克	水淀粉	适量
		五香粉	适量
		芝麻油	适量
		柱侯酱	适量
		豆瓣酱	适量
		食用油	35 毫升

❶ 将洗净去皮的白萝卜切成小方块。

❷ 牛腩切成块。

❸ 锅中加 1000 毫升清水烧开，加入盐。

❹ 倒入白萝卜。

❺ 盖上锅盖，煮约 5 分钟至热。

❻ 揭开锅盖，将煮熟的白萝卜捞出。

做法演示

❶ 热锅注油，倒入姜片、蒜末、葱白，爆香。

❷ 加入柱侯酱炒香。

❸ 加入豆瓣酱炒匀。

❹ 倒入牛腩炒匀。

❺ 加入料酒炒香，去除腥味。

❻ 注入约 150 毫升清水，煮沸。

❼ 加少许五香粉搅匀。

❽ 倒入白萝卜炒匀。

❾ 加入盐、鸡精、蚝油、白糖，炒匀。

❿ 盖上锅盖，小火焖煮约 10 分钟。

⓫ 倒入蒜苗段，加入少许水淀粉勾芡。

⓬ 淋入少许芝麻油炒均匀。

⓭ 将做好的装盘即可。

板栗烧鸡

⏱ 8分钟　　✂ 降低血压

⚖ 咸　　😊 老年人

　　为了美食，人们可以一掷千金，也可以钻小巷或排队守候半天，美食的魅力皆在于此，板栗烧鸡就是一道值得你品尝的美味。这道菜滋味咸鲜、醇正，香中带甜，甜中带鲜，浓浓的鸡肉香味中裹着淡淡的栗子香，是这个秋天送给自己最好的犒赏。

材料

鸡肉	200克
板栗	80克
鲜香菇	20克
蒜末	20克
姜片	20克
葱段	20克
蒜苗段	20克

调料

老抽	5毫升
盐	3克
味精	1克
白糖	2克
生抽	3毫升
水淀粉	适量
料酒	5毫升
淀粉	适量
食用油	适量

❶ 将洗净的鸡肉斩成块。

❷ 鸡肉装入碗中，加料酒、生抽、盐拌匀，再撒上淀粉裹匀。

❸ 处理好的板栗对半切开。

❹ 将洗净的鲜香菇切成丝。

❺ 热锅注油，烧至五成热，倒入板栗。

❻ 滑油片刻后将板栗捞出。

❼ 倒入鸡肉块。

❽ 滑油约 3 分钟至熟，捞出备用。

做法演示

❶ 锅留底油，放入葱段、姜片、蒜末。

❷ 倒入香菇、鸡肉，再加入料酒翻炒匀。

❸ 加少许老抽，炒匀。

❹ 倒入板栗。

❺ 加入少许清水煮至板栗熟透。

❻ 加盐、味精、白糖、生抽，炒匀调味。

❼ 加少许水淀粉勾芡。

❽ 撒入蒜苗段炒匀。

❾ 盛入干锅即成。

食物相宜

补肾虚、益脾胃

板栗

＋

鸡肉

健脑益肾

板栗

＋

白菜

青蒜焖腊鱼

6分钟 ✕ 开胃消食

🔅 咸 😊 一般人群

　　爱吃的人，嘴通常都是比较挑剔的，粗食淡味已很难入他们的法眼，异膳珍馐才能吸引他们流盼的目光。青蒜焖腊鱼是一道颇有特色的菜式，它将我国南方风味独特的腊鱼稍加烹调，鱼肉伴着青蒜香，香嫩诱人，让人仿佛回到青山绿水、民风淳朴的江畔渔乡。

材料

腊鱼	150克
青蒜苗	20克
胡萝卜片	20克
姜片	5克

调料

盐	3克
味精	1克
蚝油	3毫升
料酒	5毫升
水淀粉	适量
芝麻油	适量
食用油	适量

❶ 腊鱼洗净切块。

❷ 将青蒜苗洗净切成段。

❸ 将切好的腊鱼、青蒜苗装入盘中。

做法演示

❶ 用油起锅，放入姜片爆香。

❷ 倒入腊鱼。

❸ 翻炒均匀。

❹ 淋入料酒。

❺ 倒入蒜苗梗。

❻ 翻炒 2 ~ 3 分钟至熟。

❼ 加入少许盐、味精、蚝油炒匀调味。

❽ 加水淀粉勾芡。

❾ 倒入蒜苗叶和胡萝卜炒匀。

❿ 淋入少许芝麻油炒匀。

⓫ 关火出锅盛入盘内即成。

食物相宜

开胃消食

腊鱼

+

豆豉

养生常识

★ 青蒜苗对于心脑血管有一定的保护作用，可以预防血栓的形成。

★ 青蒜苗性温，味辛，含有蛋白质、胡萝卜素、维生素 B_1、维生素 B_2 等营养成分。

第 4 章

醇美诱惑

　　吃是一种幸运，精妙的烹饪让人们能够见证食材千变万化的另一面。但烹饪技巧却很难超越食材本身，这也就是为什么越是名贵的食材，其烹饪的方式往往越简单。忠于食材最纯粹的味道，平凡却绝不简单，对自然的崇尚让吃也变成了一种信仰。

雪里蕻炒豆干

🕐 4分钟　　✂ 开胃消食

🌶 辣　　😊 一般人群

　　相传在北方大雪漫山时，诸菜皆冻，唯有一种菜反而愈发青翠茂盛，人称"雪菜"，将其采回腌渍，色泽鲜黄，香气浓郁，便是雪里蕻。这道菜将滋味鲜美的雪里蕻搭配豆干同炒，脆嫩与柔韧共存，咸鲜香辣，踏踏实实的味道，就像在家里一样。

材料		调料	
豆干	100克	盐	3克
泡雪里蕻	200克	味精	3克
青椒	15克	料酒	3毫升
红椒	15克	鸡精	3克
姜片	5克	蚝油	3毫升
葱段	5克	豆瓣酱	适量
		食用油	适量

食材处理

❶ 将洗净的豆干切成丁。

❷ 将泡雪里蕻也切成丁。

❸ 将洗净的青椒切成丁。

❹ 将洗净的红椒切成丁。

❺ 热锅注油，烧至四成热，倒入豆干。

❻ 滑油片刻后，捞出备用。

做法演示

❶ 锅底留油，倒入姜片、葱段。

❷ 倒入青椒、红椒爆香。

❸ 倒入雪里蕻炒均匀。

❹ 倒入豆干炒均匀。

❺ 加盐、味精、鸡精、蚝油、料酒。

❻ 然后再加入豆瓣酱炒匀。

❼ 翻炒至入味。

❽ 盛入盘中即可。

养生常识

★ 豆干是豆腐的再加工制品，咸香爽口，硬中带韧。豆干营养丰富，含有大量蛋白质、脂肪、碳水化合物，还含有钙、磷、铁等多种人体所需的营养素。

食物相宜

壮阳

豆干

韭菜

治疗心血管疾病

豆干

韭黄

增强免疫力

豆干

金针菇

青椒肉丝

    这是一道色香味俱全的大众家常菜，人们爱上它，不仅仅是因为它的靓丽，它丰富的口感与鲜浓的滋味更是所向无敌的"撒手锏"。肉丝滑嫩入味，青红椒清辣爽口，它们就像天生的一对，如此般配，让人不禁直吞口水。

材料		调料	
青椒	50克	盐	5克
红椒	15克	水淀粉	10毫升
瘦肉	150克	味精	3克
葱段	5克	淀粉	3克
蒜片	5克	豆瓣酱	3克
姜丝	5克	料酒	3毫升
		蚝油	3毫升
		食用油	适量

食材处理

❶ 将洗净的红椒切成细丝。

❷ 将洗净的青椒切成细丝。

❸ 将洗好的瘦肉切成细丝。

❹ 将肉丝装入碗中，加少许淀粉、盐、味精拌匀。

❺ 加入水淀粉拌匀。

❻ 加少许食用油，腌渍 10 分钟。

❼ 热锅注油，烧至四成热，倒入肉丝。

❽ 滑油至肉丝变色，捞出备用。

做法演示

❶ 锅底留油，倒入姜丝、蒜片、葱段爆香。

❷ 倒入青椒丝、红椒丝炒匀。

❸ 倒入肉丝炒匀。

❹ 加盐、味精、蚝油、料酒调味。

❺ 加入豆瓣酱炒匀，再用水淀粉勾芡。

❻ 炒匀后出锅装盘即可。

食物相宜

开胃消食

瘦肉

南瓜

降低血压

瘦肉

＋

冬瓜

苦瓜炒腊肉

🕐 3分钟　　🍴 清热解毒

⚖ 苦　　☺ 女性

　　腊肉是湘江两岸"一家煮肉百家香"的经典食材，肥而不腻，瘦不塞牙。这道苦瓜炒腊肉清清爽爽、咸香微辣，用最纯粹的味道考验着人们的味蕾。吃过方才醒悟，食味万千，以真为贵，清苦的背后，极富嚼劲儿的腊肉反而愈嚼愈香。

材料		调料	
苦瓜	200 克	盐	3 克
腊肉	100 克	味精	1 克
红椒	15 克	白糖	1 克
蒜末	5 克	辣椒酱	适量
姜片	5 克	水淀粉	适量
葱白	5 克	料酒	5 毫升
		淀粉	适量
		食用油	适量

❶ 将洗净的苦瓜切片。

❷ 将红椒洗净，切片。

❸ 再将洗好的腊肉洗净，切片。

❹ 在锅中注入清水烧开。

❺ 倒入腊肉煮制。

❻ 煮沸后捞出。

❼ 往锅中加入少许淀粉，搅匀。

❽ 倒入苦瓜，煮沸后捞出。

做法演示

❶ 用油起锅，倒入蒜末、姜片、葱白、红椒。

❷ 倒入腊肉和苦瓜。

❸ 加少许料酒，炒匀。

❹ 加入盐、味精、白糖、辣椒酱，翻炒1分钟至熟透。

❺ 加水淀粉勾芡，淋入熟油拌匀。

❻ 将做好的菜盛入盘内即可。

食物相宜

排毒瘦身

苦瓜

＋

辣椒

延缓衰老

苦瓜

＋

茄子

土豆烧排骨

⏱ 13分钟　　✖ 清热解毒
🧂 鲜　　😊 一般人群

　　如果说吃到饱是一种身体需求，那么吃到撑就是一种情不自禁的心理需求。当土豆遇上排骨，这两种鲜香浓郁的食材聚到一起，一个"烧"字所引发的火花绝对会让每一个吃货的眼睛烁烁放光，又一出吃到撑的欢乐剧就已悄悄拉开帷幕。

材料		调料	
土豆	200克	盐	4克
排骨	500克	鸡精	2克
青椒	20克	生粉	2克
红椒	20克	料酒	5毫升
姜片	5克	味精	2克
蒜末	5克	生抽	3毫升
葱白	3克	老抽	3毫升
葱花	3克	豆瓣酱	适量
		水淀粉	10毫升
		食用油	适量

食材处理

❶ 将土豆去皮洗净，切2厘米厚的片，切条，再切成小块。

❷ 将红椒、青椒均洗净，切开，去籽，切成片。

❸ 将排骨洗净斩成块。

❹ 将排骨盛入碗中，加少许盐、料酒。

❺ 依次加入味精、生抽拌匀，加生粉拌匀。

❻ 热锅注油，烧至五成热，倒入土豆，炸约2分钟至熟。

❼ 将炸好的土豆捞出备用。

❽ 倒入排骨，搅拌。

❾ 炸至转色后捞出。

做法演示

❶ 锅底留油，倒入姜片、蒜末、葱白爆香。

❷ 倒入排骨，炒匀。

❸ 淋入料酒，加少许生抽炒香。

❹ 加约300毫升清水。

❺ 加盐、味精、鸡精。

❻ 倒入土豆，加豆瓣酱炒匀。

❼ 加少许老抽炒匀。

❽ 加盖，改用小火焖10分钟。

❾ 揭盖，倒入切好的青椒、红椒。

❿ 加水淀粉炒匀勾芡。

⓫ 翻炒匀至收汁入味。

⓬ 盛出装盘，撒上葱花即可。

茶树菇炒肚丝

- ⏱ 4 分钟
- ✖ 增强免疫力
- 🌶 辣
- 😊 一般人群

　　鱼肉与熊掌不可兼得，但美味与健康却可以共存，没有什么可以阻止人们对原生态美味食材的偏爱。这道茶树菇炒肚丝所用的两种食材，一个是来自山间的野味，一个是笑傲市井的美食，茶树菇滋味鲜美，肚丝鲜香脆嫩，带给你极致的味觉诱惑。

材料

茶树菇	100 克
青椒	15 克
红椒	15 克
熟猪肚	200 克
姜片	5 克
蒜末	5 克
葱白	5 克

调料

盐	3 克
蚝油	3 毫升
料酒	3 毫升
味精	1 克
白糖	2 克
鸡精	2 克
老抽	3 毫升
水淀粉	适量
芝麻油	适量
食用油	30 毫升

❶ 将洗净的茶树菇切作两段。

❷ 洗净的青椒对半切开，去掉籽，切成丝。

❸ 洗净的红椒对半切开，去掉籽，切成丝。

❹ 将洗净的猪肚切成丝。

❺ 锅中注水烧开，加盐、食用油，倒入茶树菇。

❻ 汆烫片刻捞出。

做法演示

❶ 用油起锅，倒入姜片、蒜末、葱白。

❷ 加入青椒丝、红椒丝炒出香气。

❸ 倒入肚丝，加入料酒，翻炒香去除腥味。

❹ 倒入处理好的茶树菇。

❺ 加入蚝油、盐、味精、白糖、鸡精炒约1分钟。

❻ 加入少许老抽炒匀，上色。

❼ 加少许水淀粉勾芡。

❽ 淋入少许熟油、芝麻油炒匀。

❾ 将做好的菜盛入盘内即可。

食物相宜

健脾养胃

猪肚

+

莲子

益气补中

猪肚

+

糯米

酱烧猪舌根

⏰ 3分钟　　✗ 开胃消食

🧂 辣　　🙂 女性

　　闲暇之余，三五个好友齐聚一堂，除了花生、毛豆，一盘香浓、味美的下酒菜是必不可少的。这道酱烧猪舌根肉质鲜嫩，油润香辣，咸中带甜，暖暖的热气儿当中糅杂着一缕淡淡的蒜苗清香，是下酒菜当中的王牌。有酒有肉，怎能不乐而忘返？

材料		调料	
熟猪舌根	300 克	盐	2 克
蒜苗段	20 克	味精	1 克
姜片	5 克	白糖	2 克
干辣椒	3 克	料酒	5 毫升
		柱侯酱	适量
		蚝油	3 毫升
		食用油	适量

食材处理

❶ 将洗净的猪舌根切成片。

❷ 将切好的猪舌根装入盘中备用。

做法演示

❶ 热锅注油，入姜片、蒜苗梗和洗好的干辣椒，爆香。

❷ 倒入猪舌根。

❸ 加入料酒翻炒片刻。

❹ 加入柱侯酱、蚝油。

❺ 翻炒均匀。

❻ 倒入蒜苗叶，翻炒均匀。

❼ 加入适量盐、味精、白糖。

❽ 快速炒匀使其充分入味。

❾ 盛出装盘即可。

制作指导

❀ 猪舌在烹饪前一定要刮净舌苔，可用沸水先烫一下，再用小刀刮净。

❀ 选购猪舌时一定要挑舌心大一点的。

食物相宜

开胃消食

猪舌

黄瓜

有助于增强体质，改善身体素质

猪舌

芝麻

养生常识

★ 猪舌肉质坚实，无骨，无筋膜、韧带，熟后无纤维质感。

★ 猪舌含有丰富的蛋白质、维生素A、烟酸、铁、硒等营养元素，有滋阴润燥的作用。主治脾虚食少、四肢羸弱等症。脾胃虚寒腹泻者不宜食用猪舌。

苦瓜炒牛肉

⏱ 15分钟　　✂ 清热祛暑
🌡 苦　　😊 一般人群

　　精妙的配菜与调味会赋予美食崭新的灵魂，只有平庸的厨师，绝没有平凡的菜式。这道菜中苦瓜鲜嫩、翠绿欲滴，嫩滑的牛肉能较好地融合苦瓜的青涩，而苦瓜的苦味却丝毫不会影响到牛肉的鲜香，两种食材相得益彰，清热祛暑，对身体也大有补益。

材料		调料	
牛肉	300克	盐	2克
苦瓜	200克	生抽	3毫升
豆豉	10克	水淀粉	适量
姜片	5克	食用油	适量
蒜末	5克	淀粉	适量
葱白段	5克	蚝油	适量
		白糖	2克
		料酒	3毫升

❶ 将苦瓜洗净切开，去瓤籽，斜刀切片。

❷ 洗净的牛肉切片。

❸ 牛肉片加入少许盐、生抽拌匀。

❹ 加入淀粉拌匀，再淋入少许食用油，腌渍 10 分钟。

❺ 锅中注入约 1500 毫升清水烧开，倒入苦瓜，搅匀。

❻ 煮沸至断生后捞出苦瓜。

❼ 另起锅注入 1000 毫升清水烧开，倒入牛肉，汆至转色捞出。

❽ 热锅注油，烧至五成热，放入牛肉，用锅铲搅散。

❾ 炸至牛肉呈金黄色后捞出。

❶ 锅留底油，倒入豆豉、姜片、葱白段、蒜末爆香。

❷ 倒入滑油后的牛肉，再倒入焯水的苦瓜炒匀。

❸ 加入蚝油、盐、白糖、料酒炒匀，调味。

❹ 加入水淀粉勾芡。

❺ 加少许熟油炒匀。

❻ 盛入盘内即可。

清热解毒

苦瓜

＋

猪肝

增强免疫力

苦瓜

＋

洋葱

土豆烧牛肉

⏱ 14 分钟　　✕ 健脾养胃
⬜ 鲜　　☺ 一般人群

　　烹饪美食的价值在于"食于口，赏于心，得于胃"，尤其在将不同原味、口感的食材放在一起时，在烹饪上往往更能体现技巧。这道菜将多种食材同入一锅中，牛肉嫩滑，蔬菜爽脆，滋味咸鲜。浓郁的香气勾人食欲，吃到胃里暖暖的，满足感油然而生。

材料

土豆	150 克
牛肉	250 克
洋葱	100 克
姜片	5 克
蒜末	5 克
红椒片	20 克
葱段	5 克

调料

盐	2 克
淀粉	适量
生抽	5 毫升
味精	2 克
鸡精	3 克
豆瓣酱	适量
蚝油	3 毫升
水淀粉	适量
食用油	30 毫升

❶ 将去皮洗净的土豆切成片。

❷ 将去皮洗净的洋葱切成片。

❸ 将洗净的牛肉切成片。

❹ 牛肉片加入少许淀粉、生抽、味精、盐，拌匀。

❺ 加入水淀粉拌匀。

❻ 加入少许食用油，腌渍 10 分钟。

❼ 锅中注入清水烧热，加入少许食用油搅匀，加盐，拌匀。

❽ 水烧开后放入土豆片，煮约 1 分钟至熟。

❾ 捞出备用。

❿ 倒入牛肉，搅匀。

⓫ 汆烫至牛肉转色，即可捞出。

做法演示

❶ 热锅注油，烧至五成热，倒入牛肉。

❷ 滑油片刻捞出。

❸ 倒入姜片、蒜末、红椒片炒香，倒入葱白炒匀。

❹ 倒入洋葱、土豆片炒匀。

❺ 倒入牛肉，加入鸡精、蚝油、豆瓣酱炒匀，调至入味。

❻ 加入少许水淀粉勾芡。

❼ 撒入葱叶炒匀。

❽ 盛入盘内即可。

土豆羊排

🕐 17分钟		✖ 保肝护肾	
⚖ 鲜		☺ 男性	

　　每一个人都有自己的性格，菜亦如此。有时这道菜看起来稀松平常、不温不火，实则却沉稳内敛、丰富有料。这道土豆羊排用焖的方式更好地保留了羊肉、土豆的醇味。羊肉软烂鲜香，土豆酥软香甜，多种辅料、调味料的加入也让肉味格外醇香。

材料

卤羊排	450 克
土豆	250 克
胡萝卜片	20 克
蒜苗段	25 克
姜片	10 克

调料

盐	3 克
料酒	3 毫升
味精	1 克
白糖	2 克
蚝油	3 毫升
水淀粉	适量
葱油	适量
食用油	适量

❶ 将卤羊排斩成段。

❷ 将已去皮洗净的土豆切成块。

做法演示

❶ 炒锅热油，放入姜片爆香。

❷ 倒入土豆、羊排炒均匀。

❸ 加入适量料酒。

❹ 再加入适量清水。

❺ 盖上锅盖，用大火焖煮10分钟至熟烂。

❻ 揭盖，加盐、味精、白糖、蚝油炒匀。

❼ 放入胡萝卜片、蒜苗梗翻炒匀。

❽ 加入少许水淀粉勾芡。

❾ 再淋入葱油，放入蒜苗叶。

❿ 翻炒片刻至熟。

⓫ 将锅中材料倒入热砂煲，置火上煨片刻。

⓬ 关火，端下砂煲即可食用。

食物相宜

健脾开胃

土豆

+

辣椒

可防治肠胃炎

土豆

+

豆角

咖喱鸡块

⏰ 12分钟　✗ 开胃消食
⬛ 咸　　　☺ 一般人群

　　遇上一道自己喜欢的菜，如同守候一场不期而至的爱情，期待却也忐忑不安，得到时让人沉醉其中。这道咖喱鸡块咸鲜开胃，鸡肉嫩滑，土豆绵软，做起来超级容易，却也能滋味十足。浓浓的咖喱味道，犹如恋人戏谑的话语，辣在嘴边，甜在心中。

材料		调料	
鸡肉	500克	生抽	3毫升
洋葱	50克	料酒	5毫升
土豆	50克	盐	3克
青椒	20克	味精	1克
红椒	20克	白糖	2克
蒜末	5克	老抽	3毫升
姜片	5克	水淀粉	适量
葱段	5克	咖喱膏	适量
		淀粉	适量
		食用油	适量

❶ 将去皮洗净的土豆切块。

❷ 将洗好的洋葱切成片。

❸ 将洗净的青椒切成片。

❹ 将洗净的红椒切成片。

❺ 把洗净的鸡肉斩成块。

❻ 鸡肉加生抽、料酒、盐、味精、淀粉腌10分钟。

做法演示

❶ 热锅注油，烧至三成热，放入土豆。

❷ 将土豆炸至金黄色捞出。

❸ 倒入鸡块，炸至断生捞出。

❹ 锅留底油，放入蒜姜片、葱段、青椒、红椒、洋葱爆香。

❺ 倒入鸡块炒匀。

❻ 加入咖喱膏、料酒炒香。

❼ 加土豆、水、味精、白糖、老抽、盐煮3分钟。

❽ 用水淀粉勾芡，淋入熟油拌匀。

❾ 盛出即可。

食物相宜

补五脏、益气血

鸡肉

＋

枸杞

排毒养颜

鸡肉

＋

冬瓜

土豆烧鸭

🕐 15分钟	✂ 开胃消食
📊 咸香	😊 老年人

　　尝遍天南海北的珍馐美味，还是家里做的拿手菜最适口、最贴心。这道土豆烧鸭滋味咸鲜，鸭肉肥嫩香醇，土豆绵软酥烂，细品起来更有一缕嫩嫩的甜香。虽然焖的时间要稍长一些，但不要低估任何一个吃货的决心，因为好吃的从来就不怕等。

材料		调料	
土豆	250克	料酒	5毫升
鸭肉	350克	蚝油	4毫升
姜片	25克	老抽	3毫升
蒜末	25克	水淀粉	8毫升
葱段	25克	食用油	适量

❶ 将去皮洗净的土豆，切块。

❷ 将洗净的鸭肉斩成块。

做法演示

❶ 油锅烧至四五成热，倒入土豆炸约 4 分钟至熟。

❷ 捞出沥油备用。

❸ 锅底留油，放入鸭块炒 2 分钟。

❹ 倒入姜片、葱段、蒜末、料酒、蚝油、老抽。

❺ 再倒入少许水，盖上锅盖，焖约 8 分钟至熟。

❻ 倒入炸熟的土豆块，略煮片刻。

❼ 用水淀粉勾芡，淋入熟油。

❽ 将其翻炒片刻至入味。

❾ 起锅时，撒入葱段即成。

制作指导

✿ 鸭子和土豆都要煮烂一点才好吃，所以焖煮时间可以长一点。

食物相宜

健脾开胃

土豆

辣椒

可防治肠胃炎

土豆

豆角

莴笋烧鹅

🕐 10分钟　　❌ 防癌抗癌

🔲 鲜　　　　😊 老年人

　　鹅肉鲜醇肥美，尤以百日左右鹅的肉最为鲜嫩，自古以来就被人们当作宴请宾客的压轴主菜。江南烹鹅高手各有绝活，这道菜鹅肉柔嫩入味，香郁而不肥腻，细嫩的肉质搭配清鲜脆爽的莴笋，口感极佳。鲜浓的汤汁冒着热气，一上桌便浓香四溢。

材料		调料	
鹅肉	500 克	盐	3 克
莴笋	200 克	味精	1 克
蒜苗段	25 克	料酒	5 毫升
红椒丝	20 克	生抽	3 毫升
姜片	5 克	水淀粉	适量
蒜末	5 克	食用油	适量
干辣椒	3 克		

❶ 将去皮洗净的莴笋切滚刀块。

❷ 将洗净的鹅肉斩成块。

做法演示

❶ 起油锅，倒入切好的鹅肉。

❷ 翻炒至变色，加料酒、生抽炒均匀。

❸ 倒入蒜末、姜片和洗好的干辣椒。

❹ 倒入适量清水。

❺ 加入盐、味精，炒匀调味。

❻ 加盖焖5分钟至鹅肉熟透。

❼ 揭开锅盖，再倒入莴笋。

❽ 加上盖，焖煮约3分钟至熟。

❾ 大火收汁，再倒入已洗净的蒜苗、红椒翻炒匀。

❿ 加水淀粉勾芡。

⓫ 翻炒匀至入味。

⓬ 出锅装盘即成。

养生常识

★ 鹅肉尤其适宜身体虚弱、气血不足、营养不良的人食用。

★ 温热内蕴、皮肤疮毒、皮肤瘙痒、痼疾者忌食鹅肉。

食物相宜

益气补虚

鹅肉

+

柠檬

清热祛火

鹅肉

+

冬瓜

烹饪术语

学习烹饪，人们经常会遇到一些专业术语，如焯水、上浆、挂糊、过油、勾芡等。这对于那些刚刚进厨房的初入门者来说，总感觉一头雾水，这里将就这些烹饪术语做一个简单的介绍。

焯水

焯水就是将初步加工的原料放在开水锅中加热至半熟或全熟，再取出以备进一步烹调或调味，是烹调中（特别是凉拌菜）不可缺少的一道工序，对菜肴的色、香、味，特别是色起着关键作用。焯水的运用范围较广，大部分蔬菜和带有腥膻气味的肉类原料都需要焯水。

焯水的方法主要有两种：一种是开水锅焯水；另一种是冷水锅焯水。

① 开水锅焯水。就是将锅内的水加热至滚开，然后将原料下锅。下锅后及时翻动，时间要短，要讲究色、脆、嫩，不要过火。这种方法多用于植物性原料，如芹菜、菠菜、莴笋等。

② 冷水锅焯水。是将原料与冷水同时下锅，水要没过原料，然后烧开，目的是使原料成熟，便于进一步加工。土豆、胡萝卜等因体积大，不易成熟，需要煮的时间长一些。有些动物性原料，如白肉、牛百叶、牛肚等，也是冷水下锅加热成熟后再进一步加工的。

上浆和挂糊

在切好的原料下锅之前，给其表面挂上一层浆或糊之类的保护膜，这一处理过程叫"上浆"或"挂糊"（稀者为浆，稠者为糊）。

① 上浆能保持原料中的水分和鲜味，使烹调出来的菜肴具有滑、嫩、柔、脆、酥、香、松或外焦里嫩等特点。

② 上浆能保持原料不碎不烂，增加菜肴形与色的美观。

挂糊是烹调中常用的一种技法，行业习惯称"着衣"，即在经过刀工处理的原料表面挂上一层衣一样的粉糊。

① 把要挂糊的原料上的水分挤干，特别是经过冰冻的原料，挂糊时很容易渗出一部分水而导致脱浆。还要注意，液体的调料也要尽量少放，否则会使浆料上不牢。

② 要注意调味品加入的次序。一般来说，要先放入盐、味精和料酒，再将调料和原料一同使劲拌和，直至原料表面发黏才可再放入其他调料。

过油

过油是将备用的原料放入油锅进行初步热处理的过程。过油能使菜肴口感滑嫩软润,保持和增加原料的鲜艳色泽,而且富有风味特色,还能去除原料的异味。过油必须在急火热油中进行,而且锅内的油量以能浸没原料为宜。原料投入后由于原料中的水分在遇高温时立即汽化,易将热油溅出,须注意防止烫伤。

过油时要根据油锅的大小、原料的性质以及投料多少等方面正确地掌握油的温度。

❶ 根据火力的大小掌握油温。急火,可使油温迅速升高,但极易造成互相粘连散不开或出现焦煳现象;慢火,原料在火力比较慢、油温低的情况下投入,则会使油温迅速下降,出现脱浆,从而达不到菜肴的要求,故原料下锅时油温应高些。

❷ 根据投料数量的多少掌握油温。投料数量多,原料下锅时油温可高一些,投料数量少,原料下锅时油温应低一些。

❸ 油温还应根据原料的质地老嫩和形状大小等情况适当掌握。

勾芡

勾芡是在菜肴接近成熟时,将调好的淀粉汁淋入锅内,使汤汁稠浓,增加汤汁对原料的附着力,从而使菜肴汤汁的粉性和浓度增加,改善菜肴的色泽和味道。

要勾好芡,需掌握几个关键问题:

❶ 掌握好勾芡时间。一般应在菜肴九成熟时进行,过早勾芡会使汤汁发焦,过迟勾芡易使菜受热时间长,失去脆、嫩的口感。

❷ 勾芡的菜肴用油不能太多,否则卤汁不易粘在原料上,不能达到增鲜、美形的目的。

❸ 菜肴汤汁要适量。汤汁过多或过少,会造成芡汁的过稀或过稠,从而影响菜肴的质量。

❹ 在单纯用粉汁勾芡时,必须先将菜肴的口味、色泽调好,然后再淋入湿淀粉勾芡,才能保证菜肴的味美色艳。

选料与刀工

蔬菜选购

    挑选蔬菜首先要看它的颜色，各种蔬菜都具有本品种固有的颜色、光泽，显示蔬菜的成熟度及鲜嫩程度。新鲜蔬菜不是颜色越鲜艳越好，如购买干豆角时，发现它的绿色比其他的蔬菜还要鲜艳时要慎选；其次要看形状是否有异常，多数蔬菜具有新鲜的状态，如有蔫萎、干枯、损伤、变色、病变、虫害侵蚀，则为异常状态，还有的蔬菜由于人工使用了激素类物质，会长成畸形；最后要闻一下蔬菜的味道，多数蔬菜具有清香、甘辛香、甜酸香等气味，不应有腐败味和其他异味。

❂ 白菜

    叶子有光泽，且颇具重量感的白菜才新鲜。切开的白菜，切口白嫩表示新鲜度良好。切开时间久的白菜，切口会呈茶色，要特别注意。

❂ 生菜

    购买生菜时应挑选叶片肥厚、叶质鲜嫩、无蔫叶、无干叶、无虫害、无病斑、大小适中的为好。

❂ 香菜

    选购香菜时应挑选苗壮、叶肥、新鲜、长短适中、香气浓郁、无黄叶、无虫害的。

❂ 菠菜

    挑选菠菜时，菜叶无黄色斑点，根部呈浅红色的为上品。

✿ 菜花

选购菜花时，应挑选花球雪白、坚实、花柱细、肉厚而脆嫩、无虫伤、无机械伤、不腐烂的。此外，可挑选花球附有两层不黄不烂青叶的花菜。花球松散，颜色变黄甚至发黑，湿润或枯萎的菜花质量低劣，食味不佳，营养价值低。

✿ 莲藕

莲藕鲜嫩无比，一般能长到1.6米左右，通常有4～6节。最底端的莲藕质地粗老，顶端的一节带有顶芽，太嫩，所以最好吃的是中间部分。选购时，应选择那些藕节粗短肥大、无伤无烂、表面鲜嫩、藕身圆而笔直、用手轻敲声厚实、皮颜色为茶色的藕。

✿ 芦笋

芦笋以其柔嫩的幼茎作蔬菜。在出土前采收的幼茎，色白幼嫩，称为白芦笋；出土见光后采收的幼茎呈绿色，称为绿芦笋。选购时，白芦笋以全株洁白、形状正直、笋尖鳞片紧密、未长腋芽、外观又无损伤者最佳；绿芦笋则不妨留意笋尖，鳞片紧密未展开才是新鲜货色，而且笋茎粗大、质地脆嫩者，吃起来口感最好。

✿ 山药

挑选山药的时候，首先要关注的是山药的表皮，表皮光洁、没有异常斑点的，才是好山药。有异常斑点的山药建议不要购买，因为受病害感染的山药其食用价值已大大降低；其次是辨外形，太细或太粗的、太长或太短的都不够好，要选择那些直径在3厘米左右，长度适中，没有弯曲的山药；最后是看断层，断层雪白，带黏液而且黏液多的山药为佳品。

✿ 白萝卜

白萝卜皮细嫩光滑，比重大，用手指轻弹，声音沉重、结实的为佳，如声音混浊则多为糠心。选购白萝卜时，应以个体大小均匀、根形圆整、表皮光滑的白萝卜为优。

✪ 竹笋

选购竹笋首先要看色泽，具有光泽的为上品。竹笋买回来如果不马上吃，可在竹笋的切面上涂抹一些盐，放入冰箱冷藏室，这样就可以延长其鲜嫩口感的持续时间。

✪ 西红柿

果蒂硬挺，且四周仍呈绿色的西红柿才是新鲜的。有些商店将西红柿装在不透明的容器中出售，在未能查看果蒂或色泽的情况下，最好不要选购。

✪ 苦瓜

购买苦瓜时，宜选果肉晶莹肥厚、瓜体嫩绿、皱纹深、掐上去有水分、末端带黄色者为佳。过分成熟的稍煮即烂，失去了苦瓜风味，不宜选购。

✪ 黄瓜

刚采收的小黄瓜表面上有小疙瘩突起，一摸有刺，是十分新鲜的。颜色翠绿有光泽，还要注意前端的茎部切口，嫩绿的、颜色漂亮才是新鲜的。

✪ 丝瓜

丝瓜的种类较多，常见的丝瓜有线丝瓜和胖丝瓜两种。线丝瓜细而长，购买时应挑选瓜形挺直、大小适中、表面无皱、水嫩饱满、皮色翠绿、不蔫不伤者。胖丝瓜相对较短，两端大致粗细一致，购买时以皮色新鲜、大小适中、表面有细皱，并附有一层白色绒状物、无外伤者为佳。

✪ 南瓜

要挑选外形完整，并且最好是瓜梗蒂连着瓜身的新鲜南瓜。也可用手掐一下南瓜皮，如果表皮坚硬不留痕迹，说明南瓜老熟，这样的南瓜较甜。同等大小的情况下，分量较重的那个更好。

✿ 茄子

深黑紫色，具有光泽，且蒂头带有硬刺的茄子最新鲜，带褐色或有烂斑的茄子不宜选购。若茄子的蒂头盖住了果实，表示尚未成熟。

✿ 玉米

玉米清香、糯甜，是人们爱吃的粗粮作物。选购玉米时，应挑选苞大、籽粒饱满、排列紧密、软硬适中、老嫩适宜、质糯无虫者。

✿ 土豆

应选择表皮光滑、个体大小一致、没有发芽的土豆为好，因为长芽的土豆含有毒物质龙葵素。

✿ 红薯

要优先挑选纺锤形状的、表面看起来光滑、闻起来没有霉味的红薯。

✿ 豆类菜

挑选豆类蔬菜时，若是含豆荚的，如荷兰豆、菜豆等，要选豆荚颜色翠绿或是未枯黄的，且有脆度的最好；而单买豆仁类时，则要选择形状完整、大小均匀且没有暗沉光泽的。

保鲜诀窍

豆荚类因为容易干枯，所以尽可能密封好放在冰箱冷藏，而豆仁放置在通风阴凉的地方保持干燥即可，亦可放入冰箱内冷藏，但同样需保持干燥。

处理诀窍

大部分的豆类蔬菜生食会有毒，因此食用前需彻底煮至熟透，不能在烹煮过程中未完全熟透就起锅，若吃起来仍有生豆的青涩味道，就千万别吃。而大部分连同豆荚一起食用的豆类，记得先摘去蒂头及两侧茎丝，吃起来口感更好。

水果选购

挑选水果首先要看水果的外形、颜色。尽管经过催熟的果实呈现出成熟的性状，但是催熟只能对某些方面有影响，果实的皮或其他方面还是会有不成熟的感觉。比如自然成熟的西瓜，由于光照充足，所以瓜皮花色深亮、条纹清晰、瓜蒂老结；催熟的西瓜瓜皮颜色鲜嫩、条纹浅淡、瓜蒂发青。人们一般比较喜欢"秀色可餐"的水果，而实际上，其貌不扬的水果倒是更让人放心。其次，通过闻水果的气味来辨别。自然成熟的水果，大多在表皮上能闻到一种果香味；催熟的水果不仅没有果香味，甚至还有异味。催熟的果子散发不出香味，催得过熟的果子往往能闻得出发酵气息，注水的西瓜能闻得出自来水的漂白粉味。再有，催熟的水果有个明显特征，就是分量重。同一品种大小相同的水果，催熟的、注水的水果同自然成熟的水果相比要重很多，很容易识别。

✿ 梨

1. 要看皮色，皮细薄，没有虫蛀、破皮、疤痕和变色的，质量比较好；2. 应选择形状饱满，大小适中，没有畸形和损伤的梨；3. 看肉质，肉质细嫩、脆，果核较小的，口感比较好。

✿ 枣

好的大枣皮色紫红而有光泽，颗粒大而均匀，果实短壮圆整，皱纹少，痕迹浅。如果枣蒂有穿孔或粘有咖啡色或深褐色的粉末，说明已被虫蛀。

✿ 柠檬

挑选柠檬应以色泽鲜亮滋润，果形正常，果蒂新鲜完整，果面清洁，无褐色斑块及其他疤痕，果皮较薄，果身无萎蔫现象，捏起来比较厚实，有浓郁的柠檬香者为佳。

✿ 猕猴桃

选购猕猴桃时，应先细致地摸摸果实，选择较硬的。已经整体变软或局部变软的果实，不能久放，最好不要购买。此外，体形饱满、无疤痕、果肉呈浓绿色的果实比较好。

✿ 芒果

选购芒果时，一般以果形较大，果色鲜艳均匀，表皮无黑斑、无伤疤者为佳。首先闻味道，好的芒果味道浓郁；其次掂重量，较重的芒果水分多，口感好；第三，轻按果肉，不要选择太硬或者太软的，近蒂头处感觉硬实、富有弹性的成熟度刚刚好。另外，外表变色、腐烂的芒果千万不要食用。

✿ 椰子

选购椰子时应挑选皮色呈黑褐色或黄褐色，外形饱满，呈圆形或长圆形的，还要双手捧起椰子，靠摇晃听其声音，如果水声清晰，则品质较好；若喜欢吃椰子肉，则应选择摇起来声音较低沉的。而皮色灰黑，外形呈梭形、三角形，摇动果身时，汁液撞击声小的椰子则品质较差。

✿ 哈密瓜

选购哈密瓜时，首先看颜色，应选择色泽鲜艳的，成熟的哈密瓜色泽比较鲜艳；其次闻瓜香，成熟的有瓜香，未熟的无香味或香味较小；最后，摸软硬，成熟的坚实而微软，太硬的没熟，太软的则过熟。

✿ 菠萝

选购菠萝时，应选择个大饱满，皮黄中带青，色泽鲜艳，硬度适中，香味足，汁多味甜的。成熟的菠萝皮色黄而鲜艳，果眼下陷较浅，果皮老结易剥，果实饱满味香，口感细嫩。若皮色青绿，手按有坚硬感，果实无香味，口感酸涩，则尚未成熟。

✿ 木瓜

选购木瓜时，应挑选果实呈椭圆形，颜色绿中带黄，果皮光滑洁净，果蒂新鲜，气味香甜，有重量感的。

✿ 樱桃

选购樱桃时，要选择果实新鲜、色泽亮丽、个大均匀的，千万不要买烂果或裂果，而且最好挑选颜色较为一致的。

肉类选购

✪ 新鲜猪肉

肉质红色均匀,有光泽,脂肪洁白;外表微干或微湿润,不粘手;指压后凹陷立即恢复;具有鲜猪肉的正常气味。劣质猪肉的肌肉色稍暗,脂肪缺乏光泽;外表干燥或粘手,新切面湿润;指压后的凹陷恢复慢或不能完全恢复,有氨味或酸味。

✪ 新鲜牛肉

肉质呈均匀的红色且有光泽,脂肪为洁白或淡黄色,外表微干或有风干膜,用手触摸不粘手,富有弹性。

✪ 新鲜羊肉

肉质鲜红,纹理细腻,用手触摸坚实、有弹性,不粘手,闻起来有羊肉所特有的膻味,气味自然而无腐败、腥臭等异味。

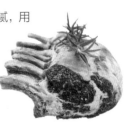

✪ 新鲜鸡肉

新鲜鸡眼球饱满,肉皮有光泽,因品种不同可呈淡黄、淡红和灰白等颜色,具有新鲜鸡肉的正常气味,肉表面微干或微湿润,不粘手,按压后的凹陷能立即恢复。

✪ 新鲜鸭肉

好的鸭肉肌肉新鲜、脂肪有光泽。注过水的鸭在翅膀下一般有红针点或乌黑色,其皮层有打滑的现象,肉质也特别有弹性,用手轻轻拍一下,会发出"噗噗"的声音。识别方法是:用手指在鸭腔内膜上轻轻抠几下,如果是注过水的鸭,就会从肉里流出水来。

水产选购

✪ 新鲜鱼肉

质量上乘的鲜鱼，眼睛光亮透明，眼球略凸，眼珠周围没有充血而发红；鱼鳞光亮、整洁、紧贴鱼身；鱼鳃紧闭，呈鲜红或紫红色，无异味；腹部发白，不膨胀，鱼体挺而不软，有弹性。若鱼眼混浊，眼球下陷或破裂，脱鳞鳃涨，肉体松软，污秽色暗，有异味的，则是不新鲜的鱼。

✪ 咸鱼的识别

好的咸鱼，鱼身清洁干爽，肉质致密，有弹性，切口色泽鲜明，没有黏液，肉与骨结合紧密，无异味。假如鱼身有黄色或黑色霉斑，肉质松弛，有臭味，则表示咸鱼已变质。

✪ 海鱼和淡水鱼的识别

主要从鱼鳞的颜色和鱼的味道加以区别，海鱼的鳞片呈灰白色，薄而光亮，食之味道鲜美；淡水鱼的鳞片较厚，呈黑灰色，食之有土腥味。

怎样识别鱼是否被污染

一看鱼形。污染较严重的鱼，其鱼形不整齐，比例不正常，脊椎、脊尾弯曲僵硬或头大而身瘦、尾小又长。这种鱼容易含有铬、铅等有毒有害的重金属。

二观全身。鱼鳞部分脱落，鱼皮发黄，尾部灰青，鱼肉呈绿色，有的鱼肚膨胀，这是铬污染或鱼塘中存有大量碳酸铵的化合物所致。

三辨鱼鳃。鱼表面看起来新鲜，但鱼鳃不光滑，形状较粗糙，且呈红或灰色，这些鱼大都是被污染的鱼。

四看鱼眼。鱼看上去体形、鱼鳃虽然正常，但其眼睛浑浊失去光泽，眼球甚至明显向外突起，这也可能是被污染的鱼。

五闻气味。被不同毒物污染的鱼有不同的气味：煤油味是被酚类污染；大蒜味是被三硝甲苯污染；杏仁苦味是被硝基苯污染；氨水味、农药味是被氨盐类农药污染。

✪ 新鲜虾

我国海域宽广，江河湖泊众多，盛产海虾和淡水虾。海虾有对虾、基围虾、濑尿虾、龙虾等；淡水虾有青虾、小龙虾等。不管何种虾，都含有丰富的蛋白质，营养价值很高，其肉质和鱼一样松软，但又无腥味和骨刺，易于消化，是深受人们喜爱的水产食品。淡水虾以鲜活的为好，不鲜活的淡水虾也要选择体形完整，甲壳透明有光泽，须、足无损，体硬，头节与躯体紧连，虾肉与虾脑不散，脑中有黄红色浆液者。

如何挑选海虾

野生海虾和养殖海虾在同等大小、同样鲜度时，价格差异很大。一些不法商贩常以养殖海虾冒充野生海虾，其实两者在外观上有很大差别，仔细辨认就不会买错。养殖海虾的须很长，而野生海虾须短；养殖海虾头部"虾枪"长，齿锐，质地较软，而野生海虾头部"虾枪"短，齿钝，质地坚硬。养殖虾的体色受养殖场地影响，体表呈青黑色，色素斑点清晰明显。

在挑选时，首先应注意虾壳是否硬挺、有光泽，虾头、壳身是否紧密附着虾体且坚硬结实，有无剥落。新鲜的海虾无论从色泽、气味上都很正常；另外，还要注意虾体肉质的坚密程度及弹性。劣质海虾的外壳无光泽，甲壳变黑，体色变红，甲壳与虾体分离；虾肉组织松软，有氨臭味；虾的胸部和腹部脱开，头部变红、变黑。

如何挑选淡水虾

新鲜的淡水虾色泽正常，体表有光泽，背面为黄色，体两侧和腹面为白色，一般雌虾为青白色，雄虾为蛋黄色。通常雌虾大于雄虾。虾体完整，头尾紧密相连，虾壳与虾肉紧贴。用手触摸时，感觉硬实而有弹性。虾体变黄并失去光泽，或虾身节间出现黑腰，头与体、壳与肉连接松懈、分离，弹性较差的为次品。虾体瘫软如泥、脱壳、体色黑紫、有异臭味的为变质虾。

✿ 新鲜螃蟹

螃蟹要买活的，千万不能食用死蟹。最优质的螃蟹蟹壳青绿、有光泽，连续吐泡有声音，翻扣在地上能很快翻转过来。蟹腿完整、坚实、肥壮，腿毛顺，爬得快，蟹螯灵活劲大，腹部灰白，脐部完整饱满，用手捏有充实感，分量较重。

怎样区分雄蟹和雌蟹

尖脐的是雄蟹，雄蟹肉多，油多；而圆脐的则是雌蟹，雌蟹黄多，肉鲜嫩。

螃蟹的保存与清洗

清洗螃蟹。 螃蟹的污物比较多，用一般方法不易彻底清除，因此清洗技巧很重要。先将螃蟹浸泡在淡盐水中，使其吐净污物。然后用手捏住其背壳，使其悬空接近盆边，双螯恰好能夹住盆边。用刷子刷净其全身，再捏住蟹壳，扳住双螯，将蟹脐翻开，由脐根部向脐尖处挤压脐盖中央的黑线，将粪便挤出，最后用清水冲净即可。

存养活蟹。 将螃蟹放入一个开口比较大的容器里，放进沙子、清水、少量芝麻和打碎的熟鸡蛋，并把它放在阴凉的地方。这样，活蟹可以存养较长时间而不会死亡。同时，螃蟹吸收了鸡蛋中的营养，蟹肚壮实丰满，重量明显增加，吃起来肥美可口。

保存螃蟹。 先用沸水将螃蟹煮一下，然后放凉，再放进冰箱，等到要烹调时再拿出来，螃蟹的肉质依旧会十分鲜美。

选购河蟹有窍门

河蟹要买活的，千万不能食用死蟹。选购最优质的河蟹就要看蟹壳是否青绿色、有光泽，连续吐泡有声音，翻扣在地上能很快翻转过来。优质河蟹蟹腿完整、坚实、肥壮，腿毛顺，爬得快，蟹螯灵活劲大，腹部灰白，脐部完整饱满，用手捏有质感，分量较重。不新鲜的蟹腿肉松、瘦小，分量较轻，行动不灵活，背色呈暗红色，肉质自然松软，味道也就不鲜美。

如何选购大闸蟹

从外观来看，大闸蟹应选螯夹力大，腿毛顺，腿完整饱满，壳呈青绿色，不断吐泡并发出声音的。以手按蟹腹，腿立即缩回，以手按蟹盖，眼睛亦立即回收者为佳。用手掂量一下，有分量，而且蟹脐略有隆起，这样的大闸蟹，必定是鲜活、多肉而肥美的，大闸蟹以每只重量 0.25 千克为最适宜，太大或太小都不好。

食用菌选购

✿ 蘑菇

新鲜的蘑菇外形较为完整，外形中等或者偏小的蘑菇更为鲜嫩，如购买香菇、口蘑以伞盖内卷的营养更丰富。以手触摸时表面爽滑，稍有湿润感，闻起来气味纯正清香，无虫蛀、霉味和杂质。

✿ 银耳

银耳又称白木耳，是珍贵的胶质食用菌和药用菌。优质银耳干燥，色泽洁白，肉厚而朵整，圆形伞盖，直径3厘米以上，无蒂头，无杂质。

如何保存鲜草菇

鲜草菇长时间放置在空气中容易被氧化，发生褐变。

❶ 将鲜草菇根部的杂物除净，放入1%的盐水中浸泡10～15分钟。

❷ 捞出沥干水分，装入塑料袋中，可以保鲜3～5天。

如何泡发香菇

香菇在冷水中泡发，既耽误时间，香菇中的沙子又不易脱落。

❶ 在冷水中加糖，再烧至40℃左右；

❷ 将干香菇泡入糖水中，这样泡开的香菇不但保留了原有香味，而且因为浸进了糖液，烧好后味道更加鲜美。

蛋类选购

购买蛋时，请多留意以下事项，以免买到坏了的蛋：蛋壳破损者不宜购买，尽量选择有CAS优质蛋品标志的蛋，蛋的形状越圆者，里面的蛋黄越大，蛋壳越粗糙的蛋越新鲜。

蛋放入4%的盐水中会立即沉底的是好蛋。蛋的气室越大，品质越差。

蛋的储藏

蛋因为富含蛋白质，所以如果储放不当，很快就会变质、腐败。因此，蛋买回来之后最好依下列方式储放，才能吃得安心。如果买的是一般散装蛋，放冰箱之前一定要先彻底清洗、拭干。一般新鲜的带壳蛋，夏天在冰箱储存可放7天左右，冬天则可放一个月左右。蛋壳很怕潮湿，所以不能闷放在不透气的塑胶盒中，以免受潮发霉。摆放蛋时，须将较圆的一头向上，较尖的一头向下。蛋去壳之后，最好马上煮食，就算放冰箱，也不宜超过4小时。

豆制品选购

✪ 豆腐

　　我国的豆腐有北豆腐和南豆腐之分。北豆腐又叫老豆腐，应选购表面光润、四角平整、薄厚一致、有弹性、无杂质、无异味的；南豆腐又叫嫩豆腐，应选购洁白细嫩、周体完整、不裂、不流脑、无杂质、无异味的。不过要想选到优质的好豆腐，还应该综合运用以下辨别方法。一看：豆腐呈白色略带微黄色，如果色泽过于白，有可能添加了漂白剂；次质豆腐色泽较深，无光泽；劣质豆腐呈深灰色、深黄色或者红褐色。二摸：优质豆腐块形完整，软硬适度，富有弹性，质地细嫩；劣质豆腐块形不完整，组织结构粗糙而松散，触之易碎，表面发黏。三闻：优质豆腐具有豆腐特有的香味；次质豆腐香气平淡；劣质豆腐有豆腥味、馊味等不良气味或其他外来气味。四尝：可在室温下取小块样品，细细咀嚼。优质豆腐口感细腻鲜嫩，味道纯正、清香；次质豆腐口感粗糙，滋味平淡；劣质豆腐有酸味、苦味、涩味及其他不良滋味。

● 北豆腐
北豆腐又称老豆腐，一般以盐卤（氯化镁）点制，其特点是硬度较大、韧性较强、含水量较低，口感很"粗"，味微甜略苦，但蛋白质含量最高，宜煎、炸、做馅等。

● 南豆腐
南豆腐又称嫩豆腐、软豆腐，一般以石膏（硫酸钙）点制，其特点是质地细嫩、富有弹性、含水量大、味甘而鲜，蛋白质含量在 5% 以上。烹调宜拌、炒、烩、汆、烧及做羹等。

✪ 豆浆

　　从色泽上看，优质豆浆呈乳白色或淡黄色，有光泽；稍次的为白色，微有光泽；劣质豆浆是灰白色的，无光泽。从组织形态上看，优质豆浆的浆液均匀一致，浆体质地细腻，无结块，稍有沉淀；次质豆浆有沉淀及杂质；劣质豆浆会出现分层、结块现象，并有大量沉淀。从气味上闻，优质豆浆具有豆浆香气，无其他异味；稍次豆浆香气平淡，稍有焦煳味或豆腥味；而劣质豆浆有浓重的焦煳味、酸败味、豆腥味或其他不良气味。

✪ 豆干

　　豆干有方干、圆干、香干之分。质量好的豆干，表面较干燥，手感坚韧、质细，气味正常（有香味）。变质的豆干，表面发黏、发腐、出水，色泽浅红（发花），没有干香气味，有的产生酸味，不能食用。掺假豆干表面粗糙，光泽差，如轻轻折叠，易裂，且折裂面呈现不规则的锯齿状，仔细查看可见粗糙物，这是因为掺了豆渣或玉米粉。

☺ 素鸡

质量好的素鸡色泽白，表面较干燥，气味正常，切口光亮，无裂缝、无破皮、无重碱味。如果色泽浅红，表面发黏发腐，渗出水珠，有腐败味，说明已经变质。

☺ 油豆腐

好的油豆腐有鲜嫩感，充水油豆腐油少、粗糙；好的油豆腐捻后容易恢复原状，充水油豆腐一捻就烂。

☺ 腐竹

质量一般分为三个等级。一级呈浅麦黄色，有光泽，蜂孔均匀，外形整齐，质细且有油润感；二级呈灰黄，光泽稍差，外形整齐而不碎；三级呈深黄色，光泽较差，外形不整齐，有断碎。用温水浸泡10分钟，好腐竹水色黄而清，有弹性，无硬结现象，且有豆类清香味。

牛奶选购

新鲜的牛奶外观呈乳白色，流体均匀无沉淀、无凝结、无杂质、无异物、无黏稠现象，有天然的奶膻味，口感细腻、爽滑。购买时选择正规品牌厂商的牛奶更有保障，检查时须确保包装完好，处于保质期以内。

牛奶的存放及注意事项

鲜牛奶应该立刻放置在阴凉的地方，最好是放在冰箱里。不要让牛奶曝晒在阳光或照射灯光下，日光、灯光均会破坏牛奶中的数种维生素，同时也会有损其口味。牛奶放在冰箱里，瓶盖要盖好，以免其他气味串入牛奶里。牛奶倒进杯子、茶壶等容器里，如果没有喝完，应盖好盖子放回冰箱，切不可倒回原来的瓶子。过冷对牛奶亦有不良影响，当牛奶冷冻成冰时，其品质会受损害。因此，牛奶不宜冷冻，放入冰箱冷藏即可。

菜刀使用教程

刀工对于烹饪来说至关重要，可以说刀工的好坏最终都会影响到菜肴的质量，差劲的刀工不仅会影响菜肴的外观，原料的大小、粗细、薄厚不匀，也会使菜在烹调时受热不匀、调味不匀，同时也会影响口感，从而让一盘菜成为失败的作品。

刀工操作需要熟练掌握它的动作技巧和节奏，下刀稳定、规范、安全。

基本动作

1. **站案**。身体与菜墩保持适当距离，两脚自然分立，重心平稳，全身放松；上身稍前倾，略挺胸，两肩要平，目光注视斜下方的双手位置。
2. **操刀**。以自己习惯的右手或左手握刀，拇指和食指夹住刀箍处，其余三指和手掌握住刀柄，刀柄要能握实，又不会影响手腕的灵活度，可以将刀操控自如的程度。
3. **运刀**。凝神静气，注意力集中，确保安全第一，左手固定住食材平稳、不移动，看准下刀位置，借助臂力和腕力，两手协调配合，切的动作准确、连贯。
4. **手法**。切割动作规范，手法干净、利落，不拖泥带水，切好的材料规整，大小一致，薄厚均匀，切完后放置整齐，工具清洗干净。

基础切法

❶ 直切

左手按稳食材，右手握刀，刀口垂直向下，左手中指关节抵住刀身，右手借助腕力向下直切，同时左手平稳向后移动，准备切下一刀。这种切法比较适用于有脆性的食材。

❷ 推切

刀口垂直向下，右手握刀将重心放于刀刃的后端，切割时借助腕力将刀刃向前推送。这种切法比较适用于松软的食材。

❸ 拉切

这种切法与推切正相反，刀口垂直向下，右手握刀将重心放于刀刃的前端，切割时借腕力将刀刃向后拉收。这种切法比较适用于有韧性的食材。

❹ 锯切

这种切法是推切、拉切的结合体，刀口垂直向下，右手握刀借腕力将刀刃向前推送，再向后拉收，推拉之间将食材慢慢磨切断。这种切法比较适用于将松软的食材切薄片或者切比较厚的韧性食材。

❺ 铡切

右手握刀柄，左手握住刀背的前端，刀口垂直向下，双手平稳、均匀、迅速地用力压切。这种切法比较适用于带有软骨或体小形圆的食材。

❻ 滚切

左手按稳食材留出一个倾斜角度，右手握刀，刀口向下斜度适中，每切一刀后将食材滚动一次。这种切法比较适用于将圆形或椭圆形的脆性蔬菜切成块或者片。

实用切法

牛羊肉的肉纤维组织较粗，所以在切时要横着肌肉纹路切，这样切好的肉容易入味，也容易咀嚼。烹煮前也可以先用刀背拍打牛肉，破坏其纤维组织，这样可减轻韧度，口感更松软适口。

猪肉肉质较嫩，沿着肌肉纹路横切易碎，顺切易老，所以要顺着肌肉纹路稍稍斜一点儿切，口感最好。而对于肉质最为细嫩的鸡肉，则要顺着肌肉纹路切，以免切碎或熟化后成粒屑状。

基础刀工

❶ 切块

切块的大小规格视菜式而定，以易熟、适口为准，整体上大小均匀即可。如果要切的为圆形或椭圆形的脆性蔬菜，如土豆、茄子等，可以使用滚切法切成滚刀块。

❷ 切片

切片是一种最为常见的切割加工方法，也是切丝、切丁的基础，一些长圆形的食材，如黄瓜、火腿，向下直切可以切成圆形的片，倾斜一点儿角度可以切成长圆形的片，而将长圆形的片整齐铺开，即可以切成较长的丝。

❸ 切丝

先将食材切成片状，片的薄厚均匀程度决定了丝的粗细均匀程度，将食材片整齐铺开，由一端开始依次直切即成丝。

❹ 切段

将长条形的食材可直接切成既定长度的段，或者将长形的食材先纵向切开，如黄瓜，切成条状后再横向截切成长度均匀的段。

❺ 切丁

先将食材切成稍厚一点的片，片的薄厚程度决定了丁的大小，然后切成条形，再旋转90度横向直切成一个个均匀整齐的丁。

鸭肉片法

烤好的鸭子呈枣红色，鲜艳油亮，皮脆肉嫩，让人垂涎三尺。烤鸭加热后食用，要先用刀将鸭肉片下来，再蘸酱卷饼食用。片鸭肉时，需要锋利的小号叉刀一把，平案板一块。将加热好的整只烤鸭平放在板上，先割下鸭头，然后以左手轻握鸭脖的下弯部位，先一刀将前脯皮肉片下，改切成若干薄片。随后片右上脯和左上脯肉，片上四五刀。将鸭骨三叉掀开，用刀尖顺脯中线骨靠右边剔一刀，使其骨肉分离，便可以右倾沿上半脯顺序往下片，经过片腿，剔腿直至尾部。片左半侧时亦用同样的方法。

- 片鸭时要注意，片出的肉不要太厚，一般一只鸭以片90片为标准。肉片大小要均匀，薄而不碎，尤其要做到每片肉都带着皮，才能保证吃的时候有脆嫩的感觉。

水产加工

一般来说，水产食材主要讲究其鲜味，所以水产的初步加工是从选购、保鲜开始做起的。鱼类的加工，可用一把厨房剪刀来处理，去鱼鳞、破肚、剔除内脏、剪掉鱼鳍都很方便；虾类的加工，虾头一般用手掰去，从虾腹部位剥去虾壳，再用小刀将虾背划开，用牙签剔除肠线，虾尾可保留，这样可美化菜相；小螃蟹冲净后可直接下锅，大一点的螃蟹可剁成块状。

● 破肚

● 剔除内脏

● 切花刀

烹饪鱼时，一定要彻底抠除全部鳃片，避免成菜后鱼头有沙、难吃。鱼下巴到鱼肚连接处的鳞紧贴皮肉，鳞片碎小，不易被清除，却是导致成菜后有腥味的主要原因。尤其在加工淡水鱼和一部分海鱼时，须特别注意削除颌鳞。

鲢鱼、鲫鱼、鲤鱼等塘鱼的腹腔内有一层黑膜，既不美观，又是腥味的主要根源，洗涤时一定要刮除干净。鱼的腹内、脊椎骨下方隐藏有一条血筋，加工时要用尖刀将其挑破，冲洗干净。鲤鱼等鱼的鱼身两侧各有一根细而长的酸筋，应在加工时剔除。宰杀去鳞后，从头到尾将鱼身抹平，就可看到在鱼身侧面有一条深色的线，酸筋就在这条线的下面。在鱼身最前面靠近鳃盖处割一刀，就可看到一条酸筋，一边用手捏住细筋往外轻拉，一边用刀背轻拍鱼身，直至将两面的酸筋全部都抽出。

鱼胆不但有苦味，而且有毒。宰鱼时如果碰破了苦胆，高温蒸煮也不能消除苦味和毒性。但是，用酒、小苏打或发酵粉却可以使胆汁溶解。因此，在沾了胆汁的鱼肉上涂上些酒、小苏打或发酵粉，再用冷水冲洗，苦味便可消除。

火候与油温

火，是人们在烹饪时最常依赖的热源。借助适当的火力，人们可以运用煎、炒、烹、炸、焖、熘、熬、炖等方式将食材加热至熟、呈现风格各异的口感，更能将食材的原味与调味品充分融合、相互促进，进而生成绝妙的香气与味道。

熟练地运用各种烹饪方法，掌控火力的大小，掌控烹饪时间的长短，这些灶台上的技术是烹制美食的关键所在，所以，坊间常有"三分墩，七分灶"的说法。美食家袁枚在《随园食单》中就曾总结过烹饪火力的实用经验——煎炒必用旺火，当火力不足时，菜就会变得绵软；煨煮必用文火，当火力过猛时，菜就会变得干瘪；烹饪食物在收汤时，宜先旺火、后文火，如果过于心急而持续使用旺火，食物表面就会变得焦硬而内里不熟。

火候的掌握

大火：也称为旺火，火焰高而稳定，可以快速地提升锅温，烹饪的时间较短，适用于生炒、爆炒和滑炒，较利于保持食材的鲜嫩口感。大火煲汤是以汤中央"起菊心——像一朵盛开的大菊花"为度，每小时消耗水量约20%。煲老火汤，主要是以大火煲开、小火煲透的方式来烹调。

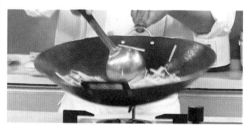

中火：也称为慢火，火力强度介于大火和小火之间，适用于熟炒、烹炸，较利于烹饪汤汁较多的菜，能使其更充分地入味。

小火：也称为文火，火力强度较低，适用于炖煮、烧等，可以通过小火慢炖使不易熟的食材缓慢加热至烂熟，也可以通过不停翻炒使食材受热更均匀，熟化更充分。小火煲汤是以汤中央呈"菊花心——像一朵半开的菊花心"为准，每小时耗水量约10%。

火候的变化

烹饪技法通常有着约定俗成的火候使用原则，如炒、爆、炸、熘多用大火，而煎、炖、煮、焖则多用中火或小火。但这也不能拘泥形式、不知变通，每种菜肴的烹饪技法与火候运用还是要灵活掌握，积累经验，结合烹饪中的实际情况，才能将火候运用得出神入化。

以炸、炒、爆烹饪的菜肴其食材多小而薄，使用大火可以缩短加热时间，最大限度地保留食材清鲜脆嫩的口感，营养成分也不会过多损失。以煎、烧、烩烹饪的菜肴常用中火，或者是先中火，再转小火；有时也需要将汤汁以大火烧滚后，再转中火或小火收汤。以炖、煮烹饪的菜肴需要长时间地持续加热，故多用小火；即便是鲜有见到的以大火起手的时候，大火加热的时间也通常极短。

根据烹饪食材的质地确定火候，如绵软脆嫩的食材多用旺火速成，粗老硬韧的食材多用小火慢成。

根据烹饪食材的形状确定火候，如整形大块的食材受热面小，须小火慢慢加热才易熟透；而单薄细碎的食材受热面大，急火速成即可。

当烹饪前的初步加工使食材的质地、外形发生改变，适用火候也要随时调整，如食材切丝、汆水、过油都要相应缩短烹饪时间。

烹饪菜品所用的食材总量也会影响到火候的使用，通常所用食材的总量越大，所需火候越足，烹饪时间越长。

油温的掌握

油是人们在烹饪食材时最常用的介质，油的沸点要比水高很多，可达 300℃以上，加热后的油可以让食材在高温条件下快速熟化、脱水，吃起来格外脆嫩鲜香。油温常随着火候、食材投入量的变化而变化，它的高与低非常考验烹饪者的经验与技巧。

油的发烟点

当油被加热到一定程度时，油就会生成一定量的烟。因不同油品的种类、生熟的差异，其发烟点也有着显著的差异。通常来说，生豆油的发烟点是 210℃，熟豆油的发烟点是 223℃，花生油的发烟点是 170℃ ~ 190℃，而猪油的发烟点是 221℃。

油温辨别

❶ 冷油温

俗称一二成热，这时的油面平静，食材、调味品投入锅中也没有任何反应。

❷ 低油温

俗称三四成热，油温 90℃ ~ 130℃，这时的油面较平静，没有青烟出现，或有少许气泡在锅底出现，并伴有微弱的沙沙声，将手移至油面上方能感觉到微微的热力，投入食材后会有少量气泡。这种油温适用于软炸、滑炒、干熘等，可去除水分、保持口感的鲜嫩。

❸ 中油温

俗称五六成热，油温 130℃ ~ 170℃，这时的油面开始波动，油从四周向中间翻动中会有少量青烟出现，气泡较多，并伴有哗哗声，将手移至油面上方能感觉到明显的热力，投入食材后会有大量气泡。这种油温适用于干炸、炒、烧等，可脆皮增香、定形而不易碎。

❹ 高油温

俗称七八成热，油温 170℃ ~ 230℃，这时的油面继续波动，油从四周向中间翻动中会有大量青烟出现，气泡涌现，并伴有炸裂声，投入食材后会产生大量气泡并劈啪作响。这种油温适用于重油炸、爆等，可脆皮增香、加热熟透。

TIPS

★ 通常在大火条件下，食材投放量小，油温可适当调低；而中火条件下，食材投放量小，油温可适当调高；当食材投放量较大时，油温可适当调高。

肉类原料经不同的传热方式受热以后，由表面向内部传递，称为原料自身传热。一般肉类原料的传热能力都很差，大都是热的不良导体。但由于原料性能不一，传热情况也不同。据实验：一条大黄鱼放入油锅内炸，当油温达到180℃时，鱼的表面温度达到100℃时，鱼的内部温度也只有60℃～70℃。因此，在烧煮大块鱼、肉时，应先用大火烧开，小火慢煮，原料才能熟透入味，并达到杀菌消毒的目的。

此外，原料体中还含有多种酶，酶的催化能力很强，它的最佳活动温度为30℃～65℃，温度过高或过低其催化作用就会变得非常缓慢或完全丧失。因此，要用小火慢煮，以利于酶在其中进行分化活动，使原料变得软烂。

利用小火慢煮肉类原料时，肉内可溶于水的肌溶蛋白、肌肽肌酸、肌酐、游离氨基酸等会被溶解出来。这些含氮物浸出得越多，汤的味道越浓，也越鲜美。如果采取大火猛煮的方法，肉类表面蛋白质会急剧凝固、变性，并不溶于水，含氮物质溶解过少，鲜香味降低，肉中脂肪也会溶化成油，使皮、肉散开，挥发性香味物质及养分也会随着高温而蒸发掉。还会造成汤水耗得快、原料外烂内生、中间补水等问题，从而导致延长烹制时间，降低菜品质量。

至于煲汤时间，有个口诀就是"煲三炖四"。因为煲与炖是两种不同的烹饪方式，煲是直接将锅放于炉上焖煮，煮3小时以上；炖是以隔水蒸熟为原则，时间为4小时以上。煲会使汤汁愈煮愈少，食材也较易于酥软散烂；炖汤则是原汁不动，汤头较清不混浊，食材也会保持原状，软而不烂。

小火慢煮还能保持原料的纤维组织不受损，使菜肴形体完整。同时，还能使汤色澄清，醇正鲜美。

玩味肉食

猪肉

猪肉是人们日常生活中最经常食用的肉类，是餐桌上重要的动物性食品之一。猪肉骨细筋少肉多，纤维细软，结缔组织少，肌肉组织中含有较多的肌间脂肪，因此，经过烹调加工后肉味特别鲜美。食用猪肉是人体获得脂肪和热量的重要途径之一，它可以为人们提供足够的营养。

❶ **肩胛肉：** 肩胛肉在猪前腿上方靠近背脊的地方，肉质不像后腿肉那么瘦，口感适中，通常用来做肉丸子或者馅料。

❷ **里脊肉：** 是脊骨下面一段与大排骨相连的瘦肉。无筋，肉质细嫩，可切片、切丝、切丁，做炸、炒、熘、爆之用，口感最佳。

❸ **臀尖肉：** 位于臀部上方，均为瘦肉，肉质鲜嫩，与里脊肉肉质相似，烹饪时多用于炸、熘、炒。

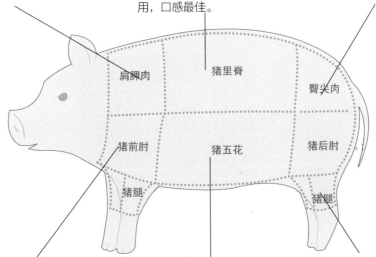

❹ **猪肘子：** 猪肘子是整只猪脚中肉最多的部位，鲜嫩多汁，最常见的吃法是蹄膀卤笋丝，外皮的口感非常好，肉质嫩，更适合做红烧肉。

❺ **五花肉：** 肥瘦相间，肉嫩多汁，适于红烧、白煮和粉蒸肉等用。五花肉一直是一些经典名菜的主料，如东坡肉、回锅肉、卤肉饭、粉蒸肉等。

❻ **后腿肉：** 位于后腿上部，臀尖肉的下方，均为瘦肉，但肉质稍老，纤维较长，烹饪时多作为白切肉或回锅肉用。

  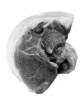

牛肉

　　牛肉不仅是中国人经常食用的肉类食品之一，也是西方人经常食用的肉类食物。牛肉蛋白质含量丰富，氨基酸组成更符合人体需要。经常食用牛肉，可增强机体抵抗力，尤适于术后、大病初愈的患者恢复体力。中医认为，牛肉有补中益气、滋养脾胃、强健筋骨、化痰息风、止渴止涎的作用。

❶ **牛肩肉**：牛的肩胛部位经常运动，肌肉发达，筋多，肉质比较坚实。牛的肩胛部可以分为：嫩肩里脊（板腱）——附着在肩胛骨上的肉，多油花而且肉质嫩，适合做牛排、烧烤和火锅牛肉片；翼板肉——有许多细筋、口感筋道、油花多、嫩度适中、口感独特，适合做牛排、烧烤和火锅牛肉片。

❷ **牛五花**：牛五花也称牛肋条，是牛肋骨之间的条状肉。牛肋条的油花多，在烹饪受热后，油花会和肉质融为一体，所以做出来的菜，汁鲜味美、入口即化。

❸ **牛里脊**：牛里脊可以分成上、下两部分，上部分的肉质细嫩，富含油花。上部分的肉又可以分成两种：上后腰里脊肉——肉质细嫩，适合做牛排肉、烧烤肉和炒肉；上后腰嫩盖仔肉——这是口感最嫩的牛肉之一，适合做上等牛排和烧烤。

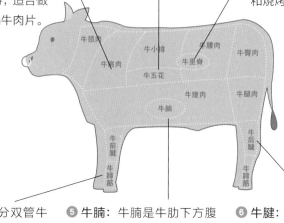

牛颈肉　牛小排　牛腰肉　牛臀肉
牛肩肉　　牛里脊
　　　　牛五花
　　　　牛腹肉　牛腿肉
　　　牛腩
牛前腱　　　　　　牛后腱
牛蹄筋　　　　　　牛蹄筋

❹ **牛蹄筋**：牛蹄筋分双管牛筋和单管牛筋，在购买时可以选择比较宽的牛筋，因为牛筋很硬，所以使用高压锅来烹制会比较方便省事。如果选择红烧或者炖煮牛筋，时间一定要久一些，这样才能让牛筋变得软烂。

❺ **牛腩**：牛腩是牛肋下方腹部上的肉，呈椭圆形状，肉块扁平，在牛的腰窝靠近大腿的部位。牛腩的肉质纤维比较粗，肉中的脂肪含量比较少，不需要切修，它是牛肉料理中经常使用的材料之一，适合用来红烧、炖煮。

❻ **牛腱**：牛腱分花腱和腱子心。腱子心的肉粒较小，炖煮后比较好吃。因为腱子肉是牛的前后小腿去骨后剩下来的肉块，是牛身上经常活动的部位，筋纹呈花状，富含胶质，带筋而且脂肪比较少。所以，这个部位的肉的口感既筋道，又多汁，适合长时间红烧或者炖煮。

羊肉

羊肉鲜嫩，味美可口，是我国人民的传统食物。羊肉堪称补益身体之佳品。它既能御风寒，又可补身体，对风寒咳嗽、虚寒哮喘、小腹冷痛、肾亏、腰膝酸软、面黄肌瘦、病后体虚等一切虚状均有补益作用，尤适于冬季食用，有"冬令补品"之称，深受人们欢迎。羊肉的吃法更是多种多样，蒸、煮、烧、炒、烤、涮……都可以烹调出美味佳肴。

❶ **羊头**：羊头皮多肉少，适合卤、酱等烹饪方式。

❷ **羊肋条**：羊肋条肥瘦相间，肉质较嫩，一般带骨食用，适合炸、炒、爆等烹饪方式。

❸ **羊腰脊**：羊脊背包括里脊和外脊，是羊肉中肉质较嫩的部位，是羊肉中的上品，适合炒、爆、炸等烹饪方式。

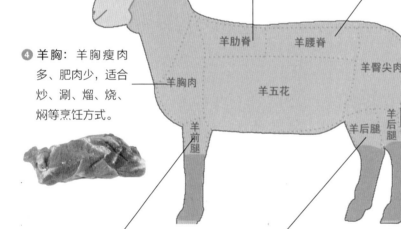

羊肋脊　羊腰脊

羊臀尖肉

羊胸肉　　羊五花

羊前腿　　羊后腿　羊后腿

❹ **羊胸**：羊胸瘦肉多、肥肉少，适合炒、涮、熘、烧、焖等烹饪方式。

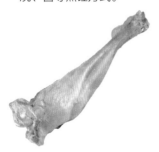

❺ **羊前腿**：羊前腿适合炖、烧、酱等烹饪方式。

❻ **羊后腿**：羊后腿的肉肥瘦各占一半，肉质较嫩，比羊前腿肉多，适合炸、烤、炒、涮、爆等烹饪方式。

❼ **羊尾**：羊尾含有较多油脂，适合炒、涮等烹饪方式。

❽ **前腱子**：前腱子适合卤、酱等烹饪方式。

❾ **后腱子**：后腱子肉质较老，筋较多，适合卤、酱等烹饪方式。

鸡肉

鸡肉既是营养的食品,又是治病的良药。鸡肉可炒、煮汤或凉拌。鸡肉味甘、性温,入脾、胃经,可温中益气、补虚填精、健脾胃、活血脉,用途十分广泛。鸡肉高蛋白、低脂肪的配比,符合现代人健康的需求。

❶ **鸡头:** 鸡头一般用来熬煮鸡高汤,或者做成卤味。

❷ **鸡脖子:** 鸡脖子肉质比较有嚼劲,不仅食用方便,而且风味独特,所以适合做成各种菜品,做成卤味也很好吃。

❸ **鸡胸肉:** 在国外,鸡胸肉被认为是纯正的白肉,其脂肪含量低,而且富含蛋白质。鸡胸肉在油炸的时候千万不要炸得太久,以免影响口感。

❹ **鸡柳条:** 鸡柳条是鸡胸肉中间比较嫩的一块组织,因为分量少,所以与鸡胸肉相比,价钱较贵。虽然同样是鸡胸肉,但是鸡柳条吃起来更鲜嫩多汁。

❻ **鸡翅:** 在市场上售卖的有二节翅和三节翅,二者的区别在于是否带有鸡翅根。鸡翅上的肉虽然少,但是皮富含胶质,而且油脂少,多吃可以让皮肤变得更有弹性。

❼ **鸡翅根:** 鸡翅根就是连接鸡翅和躯干的臂膀部分,这个部位的运动量比较大,肉质较有韧性。但是鸡翅根的肉不多,而且和骨头连得很紧,不容易分离。

❺ **鸡爪:** 鸡爪含有丰富的胶质,最好用来做卤味。

❽ **全鸡腿:** 全鸡腿是鸡大腿上方包括连接躯干部位的鸡腿排部分,这里的肉质细嫩多汁,适合各种烹饪方法,做炸鸡时,通常将鸡腿与鸡腿排部分切开,分别油炸,一般不将整只鸡腿下锅油炸。

(图中标注:鸡翅、鸡翅根、鸡胸肉、鸡腿)

鸭肉

鸭肉为餐桌上的上品，也是人们进补的良品。鸭肉的营养价值与鸡肉相当。在中医看来，鸭肉有滋阴、养胃、补肾、止热痢、止咳化痰等作用。体质虚弱、食欲不振和水肿的人食之更为有益。老鸭与猪肉一起煮食，补气健体；与鸡肉一起煮食，则治血虚头晕。

❹ **鸭翅**：鸭翅含有蛋白质、脂肪、维生素 A、钙、镁、钾等营养成分，具有养胃生津、清热健脾的作用，可有效改善食欲不振。同时鸭翅也具备鸭肉滋阴清热、利水消肿的作用，可改善水肿、食欲不振、低热、身体虚弱等症。由于鸭翅是鸭子经常运动的部位，因此肌肉较多，肉质紧密，属于鸭肉中味道最好的部位之一，深受人们喜欢。鸭翅适合卤、腌、炸等多种烹饪方式，是人们餐桌上的常见美食。

❶ **鸭头**：鸭头具有利水消肿、清除湿热的作用，适用于辅助治疗水湿内停所致的小便不利、水肿胀满，湿热下注所致的小便短赤、淋漓涩痛。鸭头适合卤、烤、炖等多种烹饪方式。烹饪前如何处理鸭头是关键，首先将鸭头放入清水中自然解冻，然后将其劈成两半，再次放入清水中浸泡，最后用开水汆烫，以去除鸭头中的血水。

鸭翅　鸭脖　鸭胸肉　鸭腿

❺ **鸭掌**：鸭掌蛋白质含量丰富，尤其是胶原蛋白，又由于脂肪和糖类的含量非常低，因此鸭掌是女性减肥美容的最佳选择之一。鸭掌是鸭子的灵活部位，是活动量最大的部位，因此形成了皮厚、无肉、筋多的特点，口感别具风味，筋多则使鸭掌柔韧有嚼劲，皮厚则容易包含汤汁，肉少则容易入味。鸭掌适合卤、酱、腌等多种烹饪方式，是餐桌上常见的美味佳肴。

❸ **鸭胸肉**：鸭胸肉含有蛋白质、脂肪、B 族维生素、维生素 A、锌、铁、钙、磷、钾等营养成分，具有滋阴清热、利水消肿、养血、养胃生津等多种作用。鸭肉中蛋白质、铁和锌的含量比鸡肉多，且脂肪含量少，脂肪多属于不饱和脂肪酸，因此滋补作用很强。

❷ **鸭脖**：鸭脖是大众非常喜欢的美食，最常见的是烤鸭脖和卤鸭脖，配料常常佐以辣椒，形成麻辣鲜香的味觉特点。鸭脖不仅口感鲜美，美味难挡，由于其高蛋白、低脂肪的特点，更是很多人追求的养颜美容的美食。正宗烤鸭脖和卤鸭脖麻、辣、鲜、香俱全，味香入骨，男性喜欢把它当作下酒菜，而女性则喜欢把它作为休闲消遣的零食。

鹅肉

　　鹅肉含有人体所必需的各种氨基酸，脂肪含量较低，含大量的不饱和脂肪酸，对人体健康极为有利。鹅肉脂肪的熔点亦很低，质地柔软，容易被人体消化吸收。鹅肉有益阴补气、暖胃生津之效，是食疗之上品。经常口渴、乏力、气短、食欲不振者，常食鹅肉，可补充营养，又可控制病情，尤适在冬季进补。鹅肉鲜嫩松香不腻，以煲汤居多，其中香卤鹅、腐乳炖鹅等，都是"秋冬养阴"的良菜佳肴。

❶ **鹅翅**：鹅翅即鹅的翅膀，是鹅经常运动的部位，因此肉质较嫩。鹅翅相比于鸡翅、鸭翅等其他禽类翅膀来讲，外形更大，因此肉质也更为饱满丰富。鹅翅除了富含蛋白质、脂肪、维生素 E 以及钙、磷、钾、钠等鹅肉含有的营养成分外，胶原蛋白含量颇为丰富，是美容养颜的保健佳品。鹅翅适合卤、炸、炖、烤等多种烹饪方式，常常佐以促进食欲的辣椒，成菜香辣可口，美味诱人，是很多人喜爱的美食。

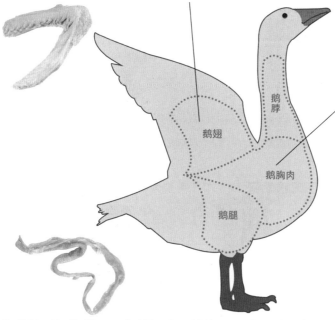

❷ **鹅胸肉**：鹅胸肉含有蛋白质、脂肪、维生素 E 以及钙、磷、钾、钠等矿物质，具有益气补虚、和胃止渴的作用，适合治疗气短乏力、食欲不振、慢性气管炎等症。鹅肉含有人体生长发育所必需的多种氨基酸，并且接近人体所需的氨基酸比例，因此易被消化吸收，具有强身健体的作用，适合病后体虚者食用；鹅肉的脂肪含量很低，但其中不饱和脂肪酸的含量高达66.3%，亚油酸的含量可占4%，这对于大脑发育有很大的好处。

❸ **鹅肠**：外形细嫩、口感脆滑、色泽鲜美，可谓色香味俱全，是人们非常喜爱的一种食材。鹅肠含有丰富的蛋白质及多种矿物质，具有益气补虚、温中散寒、行气解毒的作用。

❹ **鹅肝**：即鹅的肝脏，含有蛋白质、脂肪、糖类、维生素 A、维生素 E、维生素 B_2 以及铁、钾、铜等矿物质，具有养肝明目、补血养颜等作用，可以维护眼睛、皮肤的健康，防止眼睛干涩、疲劳，预防缺铁性贫血，改善面色苍白、易感疲倦等症。此外，鹅肝含有的维生素 B_2，可促进人体新陈代谢。